Mini granja para principiantes

La guía definitiva para convertir su jardín en una mini granja y crear un jardín orgánico autosuficiente

Índice

Introducción

La jardinería es una actividad extremadamente satisfactoria que le permite cosechar los frutos de su propio trabajo. Si tiene un patio trasero y quiere convertirlo en una mini-granja, pero no sabe por dónde empezar, este es el libro adecuado para usted. Lo que hace que esta guía sea diferente de otros libros es que le ayudará en cada paso del camino, hasta que pueda cosechar los productos de su jardín. Este libro es igualmente útil para principiantes y para aquellos que tienen experiencia en jardinería o agricultura. Usted aprenderá todo, desde cómo preparar el suelo, elegir las plantas adecuadas, y establecer todo para proteger sus plantas de cualquier plaga o enfermedad. La mejor parte es que usted será capaz de hacerlo todo orgánicamente.

Los productos orgánicos no solo son buenos para su cuerpo, sino que también le permite mantener la integridad del suelo y el agua subterránea. Puede utilizar el espacio que ya tiene para cultivar su jardín de manera eficaz y viable. No requiere mucha inversión, sino que le ayudará a ahorrar mucho dinero a largo plazo. Usted verá que sus cuentas de la tienda de comestibles bajarán y ahorrará en los gastos de alimentos. Incluso puede vender sus excedentes en el mercado de productores si lo desea.

Los productos orgánicos le permiten proteger el medio ambiente, ya que reduce el uso de productos químicos. Los productos obtenidos también estarán libres de cualquier aditivo oculto, químico o pesticida que se filtran cuando se cultivan comercialmente. Los alimentos con estos ingredientes ocultos pueden dañar su salud a largo plazo. En cambio, cuando se depende de materiales orgánicos, no solo se obtienen plantas más sanas, sino que es menos probable que las plagas y enfermedades ataquen y destruyan los cultivos.

Ser capaz de cultivar alimentos orgánicos saludables en su propio patio trasero puede ser una bendición. No es tan costoso como usted puede pensar, ni es complicado. A medida que aprenda más sobre la jardinería orgánica, querrá empezar lo antes posible. Así que, sin rodeos, empiece a leer y dé los primeros pasos hacia una generosa mini granja en su propio patio trasero.

Capítulo Uno: Si Usted Tiene un Patio, Puede Cultivar

El primer paso para empezar es evaluar el espacio del patio trasero que tiene disponible para la granja, ya que determinará los diversos estilos de cultivo que puede utilizar. Hay una gran variedad de estilos de cultivo, desde el "huerto lasaña" hasta camas elevadas; pasando por la acuicultura y la hidroponía. Incluso con espacios pequeños, hay muchas opciones disponibles, como la jardinería en contenedores y la jardinería vertical. Aunque se puede añadir el ganado y las colmenas, el mejor consejo para los principiantes es empezar en pequeño y expandirse gradualmente e incluirlos.

Cualquiera puede comenzar una granja en su patio trasero, independientemente de su tamaño. Siempre y cuando se utilice bien el espacio, se puede cultivar una serie de diferentes frutas, verduras y hierbas, que le sostendrán durante todo el año. Incluso puede criar ganado si lo desea, pero es mejor para los principiantes comenzar en pequeño.

Una vez que ha evaluado el espacio que tiene, decida qué tipo de agricultura será mejor. Aunque también puede seguir la ruta comercial con su pequeña granja, lo importante a considerar es la sostenibilidad. Esto le permitirá cultivar, criar y producir todo lo que necesite en su patio trasero. Tener cinco acres de tierra es ideal, pero incluso un solo acre puede permitirle ser completamente autosuficiente. Independientemente del espacio que usted tiene, puede comenzar una mini granja.

Beneficios de la Agricultura Doméstica

La agricultura doméstica tiene muchos beneficios; algunos de ellos se mencionan a continuación.

Es Fácil de Manejar

Es fácil manejar los cultivos de las plantas que crecen en su patio trasero. Puede ir a revisar o cosechar los productos cuando quiera. No es necesario que usted llame a ningún profesional o agricultor para comprobar su granja, ya que puede hacerlo usted mismo. Tiene acceso a su propio jardín y puede ver si sus plantas crecen bien o no.

Es Bueno para Su Salud

La salud mejora cuando se consumen más frutas y verduras frescas. Puede arrancarlas directamente de su patio trasero cuando quiera. También le permite mantener la calidad de sus productos asegurándose de que todo se hace de forma orgánica sin utilizar ningún tipo de pesticidas o productos químicos.

Le Ayudará a Ahorrar Dinero

Cuando cultive sus propios productos o críe su propio ganado, no tendrá que gastar dinero en las tiendas de comestibles. Las cuentas de la tienda de comestibles se reducirán significativamente. Las verduras orgánicas, en particular, pueden ser caras de comprar, pero cultivarlas no costará casi nada.

Hará Más Ejercicio

La agricultura es una actividad que lo mantiene activo y le da resultados productivos. Toda la excavación, la plantación, el mantenimiento, etc. le ayudará a quemar muchas calorías. También es bueno para su salud mental y le mantendrá en un estado mental positivo. La jardinería es un ejercicio que alivia el estrés y también proporciona ejercicio físico.

Contribuye a Mejorar las Condiciones Ambientales

La agricultura urbana ayuda a reducir el consumo de combustibles fósiles, generalmente causado por el transporte, el embalaje y la venta de alimentos. Puede reducir su huella de carbono al ser autosuficiente al producir sus alimentos.

Cómo Crecer Más en Espacios Pequeños

Puede pensar que su patio no es lo suficientemente grande, pero esto no es cierto; si tiene un patio, puede cultivar. Varias técnicas permiten utilizar el más pequeño de los patios de la mejor manera posible. Con algo de ingenio y creatividad, puede maximizar los espacios más pequeños para obtener mayores rendimientos. La gente en las zonas urbanas ha comenzado a cultivar alimentos con éxito en sus balcones también, así que, si usted tiene un patio trasero, hay muchas más posibilidades para explorar.

Aquí hay algunas formas en las que puede cultivar más en su mini granja:

Jardines de Contenedores

Un jardín de contenedores es una gran opción para alguien que tiene un espacio exterior limitado. Lo bueno de los jardines de macetas es que se puede cultivar casi cualquier vegetal y muchos tipos diferentes de frutas en ellos. Siempre y cuando las condiciones sean óptimas y el contenedor tenga el tamaño adecuado, puede cultivar plantas.

Si proporciona a las plantas la luz solar adecuada y el riego apropiado, también es posible cultivar algunos árboles frutales pequeños en macetas. Algunas personas cultivan arbustos de arándanos y árboles de limón con éxito de esta manera. La jardinería en contenedores asegurará que usted utilice cada pulgada de espacio porque toda la tierra de los contenedores se utiliza para la producción de vegetales o frutas. El espacio de cultivo no se desperdicia de ninguna manera si solo se cuidan bien las plantas.

También le ahorra el estrés que normalmente se le pone a la espalda al inclinarse sobre las plantas de tierra. Las personas que tienen problemas de espalda deben considerar el uso de técnicas de jardinería en contenedores. Es menos agotador físicamente y una técnica de jardinería accesible para todos.

Otro beneficio es que los contenedores pueden ser movidos, lo que permite asegurar que la planta siempre reciba la luz adecuada. Ciertas plantas prosperan bien incluso bajo la sombra o con luz solar escasa, pero otras necesitan al menos seis horas de luz solar directa. Puede perseguir el sol con sus contenedores si es necesario.

No siempre tiene que comprar contenedores para la jardinería en macetas. Considere la posibilidad de reciclar y usar cosas que ya tiene. Incluso puede usar contenedores de plástico como macetas si no le preocupa demasiado la estética. Las hierbas de cocina crecen bien en los coladores de pasta de acero. Hay muchas maneras de crear sus propios recipientes de jardinería.

Lo importante es recordar que cualquier recipiente debe permitir un drenaje adecuado. Por lo tanto, si utiliza una lata o un cubo viejo, perfore algunos agujeros en el fondo para permitir que el exceso de agua salga. Si el contenedor tiene suficiente espacio, se puede cultivar casi cualquier planta en él. También puedes usar fardos de paja, pero estos se descomponen rápidamente y son desordenados. Sin embargo, son una opción viable, y en ellas se pueden cultivar plantas como el calabacín o la calabaza.

Cuando se utilizan contenedores, es importante añadir fertilizante y regarlos más a menudo, ya que la tierra se secará más rápido en ellos. Los nutrientes también se eliminan a mayor velocidad, en comparación con la tierra en el suelo. No obstante, la jardinería en recipientes es una forma popular de cultivar plantas en espacios más pequeños.

Jardinería Vertical

Las plantas pueden crecer hacia arriba de muchas maneras diferentes. De hecho, la mayoría de las plantas que producen frutas o verduras crecen en dirección ascendente. Si tiene un patio pequeño, pruebe opciones como un jardín hidropónico colgante, una maceta de plataforma reciclada o un enrejado tradicional. Solo necesita un poco de creatividad, ya que hay muchas opciones. Usar el espacio productivamente es clave en un jardín pequeño.

Aquí hay una lista de las plantas que crecen bien en plantación vertical:

Tomates

Los tomates cherry crecerán especialmente bien si los haces crecer hacia arriba con el apoyo adecuado. Otras variedades de tomates también crecen bien si se les proporciona el apoyo adecuado. Puede cortar medias viejas y utilizar este tejido para atar la planta a la estructura ascendente. Estas son flexibles y no inducirán mucho estrés en los puntos donde las plantas están atadas. Puede hacer estas tiras usted mismo o comprar algún material en una tienda de segunda mano a un precio bastante bajo. También puede plantar a lo largo de una pared y ver cómo crecen los tomates durante todo el verano.

Melones y Calabazas de Invierno

Estas son vides naturales y crecen bien cuando se plantan hacia arriba. Solo hay que añadir un buen apoyo y entrenar a la planta para que crezca hacia arriba. Es particularmente importante asegurarse de que la estructura de apoyo sea fuerte cuando la planta esté a punto de dar frutos.

Frijoles y Guisantes

Si le agrega algún apoyo adecuado, estos crecen hacia arriba con bastante facilidad.

Pepinos

Estas plantas son fáciles de cultivar y tampoco necesitan mucho espacio.

Jardinería de Pie Cuadrado y Camas Elevadas

Si tiene suficiente espacio para camas elevadas, puede hacer un mejor uso de su patio. Los lechos elevados permiten que crezcan más plantas en cada metro cuadrado de espacio. También son una gran manera de reducir el crecimiento de las malas hierbas. Desherbar es mucho más fácil desde un lecho elevado, ya que no es necesario agacharse mucho, y su espalda no estará tensa. Incluso las personas con movilidad reducida pueden cuidar fácilmente un jardín de cama elevada si hay un espacio adecuado para permitir el movimiento. La jardinería en cama elevada hace que el mantenimiento del jardín sea mucho más fácil para todos. Los lechos elevados tienen una profundidad ideal de unas veinte pulgadas. Sin embargo, si se construye un lecho elevado sobre el suelo, hay cierto margen de maniobra.

La jardinería en camas elevadas tiene muchos beneficios:

- La temporada de cultivo se prolonga. El suelo tarda más en calentarse en primavera y otoño, en comparación con una cama elevada, que se calienta más rápido. Se puede cuidar la cama para que la temporada de crecimiento se extienda un par de semanas.

- Independientemente de las condiciones naturales del suelo en algunas partes de su jardín, todavía puede cultivar alimentos gracias a un lecho elevado. Puede agregar tierra de alta calidad a la cama y utilizar bien el espacio.

- El factor de drenaje en los lechos elevados es grande. Independientemente de dónde esté el jardín, habrá un buen drenaje.

- El problema de la compactación del suelo está resuelto. Se puede trabajar y mantener el suelo fácilmente incluso en un espacio pequeño.

- Cada centímetro de espacio le dará alimento. No perderá ningún espacio cuando cultive plantas en un lecho elevado.

- Puede construir la altura de la cama de acuerdo a sus necesidades, para reducir el dolor de espalda.

Jardinería de Cerradura

Los jardines de cerraduras son otra forma de aprovechar al máximo el espacio, ya que eliminan la necesidad de senderos. En la jardinería tradicional o incluso con camas elevadas, hay que mantener suficiente espacio para moverse por el jardín. Los jardines de cerradura son resistentes a la sequía y pueden nutrir las plantas con abono durante toda la temporada. Un jardín de cerradura es un lecho elevado que tiene forma de círculo y un camino en forma de cerradura que permite el acceso a todo el jardín. Hay un túnel vertical en medio del círculo que tendrá muchas capas de abono. El abono se sigue descomponiendo y así proporciona directamente nutrientes y humedad al lecho. Se pueden utilizar muchos materiales diferentes para construir estos jardines de cerradura.

Cosecha Comestible de Perma

Con este método, se pueden plantar plantas perennes que dan alimento en lugar de las ornamentales que se suelen cultivar en esos espacios. La mayoría de las plantas ornamentales populares son en realidad comestibles, por lo que no es difícil convertir su paisaje en uno que también proporcione alimentos. Usted debe considerar todo su jardín como un posible espacio para cultivar productos, ya que esto aumentará su rendimiento.

Jardinería Lasaña

Esta es una forma sencilla de convertir su patio trasero en un jardín orgánico que le proveerá de comida. La jardinería de lasaña no tiene nada que ver con la pasta o sus ingredientes. Es una técnica que también se llama "hoja de compostaje" o "acolchado en hojas". Ayuda a prevenir el desperdicio de comida y permite cultivar productos en el jardín rápidamente. Tampoco es necesario comprar tierra para este método. Incluso si su jardín tiene tierra arcillosa pesada, puede usar este método para cultivar vegetales o frutas orgánicas fácilmente. La tierra, las raíces y el mantillo se colocan en capas sobre las hierbas del jardín. Las capas se hacen de tal manera que las plantas puedan obtener nutrientes del suelo de abajo y la humedad se retiene, pero las malezas no son capaces de crecer fácilmente.

Hidroponía

En la hidroponía, usted usará una mezcla de nutrientes en lugar de tierra para cultivar sus plantas. Esta es una buena manera de cultivar plantas donde el suelo es de baja calidad, o no tiene suficiente espacio. Las raíces de las plantas obtendrán los nutrientes de la mezcla en lugar de encontrarlos bajo el suelo. Ciertos medios como el "coconut coir" o la fibra y la grava de coco también se utilizan en este método. Hay muchos sistemas hidropónicos que puede elegir para aplicar en su granja. Puede construir un sistema de flujo continuo donde la solución de nutrientes fluye constantemente a través de las raíces, y esto les permitirá a las plantas absorber mejor el oxígeno. También puede tener una solución sintética en contenedores como cubos donde las plantas crecen sin que el agua se ventile. En un sistema aeropónico, las plantas solo se nebulizarán usando la solución de nutrientes y no se sumergirán en la solución. La hidroponía le permitirá diversificar su mini-granja y puede ser utilizada para cultivar muchas plantas diferentes en un invernadero o en interiores durante todo el año.

Acuaponía

La acuaponía en una granja combina la hidroponía y la acuaponía. La acuaponía se ha utilizado desde la antigüedad, cuando los granjeros chinos cultivaban arrozales y peces como anguilas y carpas juntos. Las bacterias convierten los desechos producidos por los peces en nitratos que alimentan a la planta. El sistema acuapónico normalmente consiste en un tanque donde se crían peces; un sistema hidropónico; una cuenca de sedimentación para capturar el alimento de los peces que no se utiliza; un biofiltro con bacterias; y una bomba que bombea agua a través del sistema.

Los pequeños agricultores de todo el mundo adoptan muchos otros métodos para optimizar su espacio y obtener el máximo rendimiento de sus explotaciones.

Comenzando Su Granja Domestica

Puede empezar a transformar su patio en una granja hiperproductiva en lugar de dejar que el espacio se desperdicie. Esto le permitirá maximizar sus recursos, ahorrar dinero y aumentar el rendimiento de su jardín. Si desea ser más autosuficiente, tener una mini granja en su patio trasero es la solución. No importa si tiene un pequeño terreno o acres de tierra. La clave es planearla y ejecutarla eficientemente.

Reducir el Área del Césped

Su césped normalmente requiere de riego, alimentación, deshierbe y corte regular. La mayoría de las comunidades tienen reglas sobre el riego al aire libre. También hay que considerar las implicaciones ambientales de las emisiones de los cortacéspedes que funcionan con gas, fertilizantes químicos, etc.

Si reduce una gran parte de su área de césped, esto le ayuda a convertir su patio en un espacio más favorable para la Tierra. Puede arrancar el césped y reemplazarlo con césped de bajo consumo de agua o cubiertas de tierra que sean resistentes a la sequía. Le permitirá reducir el desperdicio de agua y seguir disfrutando del jardín. Pero lo que debe hacer es ir un paso más allá y convertir el espacio en un huerto. Ya que el césped ya fue cuidado, el suelo será ideal para cultivar productos abundantes. Se requiere esfuerzo y tiempo para cultivar un jardín de alimentos, pero vale la pena la inversión. Se utilizará la tierra en lugar de dejar que el césped crezca allí. Tener una pila de abono casero también le proporcionará un fertilizante natural. Las malas hierbas y el riego pueden reducirse si se cubre el jardín con el mantillo adecuado.

Paisajismo con Plantas Alimenticias

Usted puede embellecer su jardín y aun así producir alimentos en él. Muchas plantas proveen bellas presentaciones visuales y también producen alimentos que usted y su familia pueden consumir. El cultivo de estas plantas multifuncionales trabajará en su beneficio. Muchos árboles frutales que florecen en la primavera también proporcionan sombra y mantienen su casa fresca en el verano. Para un pequeño patio, puede optar por variedades enanas. Puede comenzar a cultivar zarzamoras, frambuesas y otros arbustos frutales que añadan a su estructura y también proporcionen bayas en los años venideros.

En lugar de plantas de floración anual, usted debería cultivar más plantas de producción. Estas pueden ser adiciones prácticas y coloridas para cualquier jardín. Las judías escarlata crecen rápidamente con vainas comestibles y hermosas flores rojas, mientras que las plantas de ruibarbo tienen hojas gigantes y tallos verde-rojizos que también son geniales. También puede cultivar plantas de flores comestibles, como las nasturtiums o pensamientos que se pueden añadir a las ensaladas. La acelga es muy colorida y se puede cultivar en cestas colgantes. Bajo las plantas más altas, se puede cubrir el suelo con otras más pequeñas, como fresas y orégano.

Cultive Productos que Consumirá

Piense en el tipo de producto que tiende a consumir más a menudo. Cultivar estos tendrá más sentido que plantas al azar cuando se tiene espacio limitado. Piense en los alimentos que suele comprar o comer mucho y planifique su jardín en consecuencia. Si normalmente prepara batidos por la mañana, puede cultivar ingredientes como la col rizada o las fresas para ellos. Si utiliza lechuga y espinacas para sus ensaladas, cultive estas en su jardín. Puede que le gusten algunos alimentos poco comunes o caros que le cuesten un buen dinero en la tienda, así que intente cultivarlos en su lugar.

De vez en cuando, revise el rendimiento de su jardín desde una perspectiva financiera. Considere la diferencia de costo entre comprar esos productos y cultivarlos o criarlos usted mismo.

Cultivar usted mismos ingredientes costosos le ahorrará mucho dinero en sus facturas de la tienda. Sin embargo, ciertos alimentos son más baratos de comprar que de cultivar. Si un producto en particular está disponible a un precio muy bajo en su área, no tiene que gastar su tiempo y esfuerzo en cultivarlo. En lugar de eso, utilice el espacio para cultivar otra cosa.

De esta manera, deberá evaluar su esfuerzo cada temporada. ¿Fallaron algunas cosechas? ¿Creció demasiado de algo y demasiado poco de otro? Usando esta información, puede hacer ajustes a su plan para la próxima temporada e invertir su energía de la manera correcta.

Plantar Verticalmente

Mucha gente no utiliza el espacio vertical disponible en su patio trasero. No se concentre solamente en usar el espacio del suelo. Al plantar unos pocos cultivos verticalmente, puede crecer más en menos espacio. Considere la posibilidad de agregar plantas de vid como guisantes, pepinos y frijoles de palo a su jardín, que pueden ser fácilmente sostenidos por tipis o postes. También puede entrenar a las plantas que se extienden como melones y tomates para que crezcan en posición vertical usando enrejados o jaulas pesadas. Se necesitará un poco de trabajo extra para cultivar de esta manera, pero usted tendrá más producto por ello. El crecimiento vertical también protegerá sus plantas de las babosas y caracoles del suelo y de las enfermedades por hongos. Solo asegúrese de que las plantas reciban el agua y la luz adecuadas.

Utilice el Agua de Lluvia

El agua de lluvia es una gran manera de regar las plantas sin desperdiciar el agua subterránea o gastar demasiado dinero. Los barriles de lluvia pueden ser instalados debajo de los bajantes. El agua de lluvia recogida puede ser usada para regar su jardín durante un tiempo. Puede comprar barriles hechos comercialmente que se encuentran en varios tamaños o materiales. Es mejor usar un barril con una válvula de rebose que mantenga el agua lejos de su casa una vez que alcance su máxima capacidad. El barril también debe tener una válvula de espita que se puede conectar a una manguera para regar y una malla fina que mantendrá a los insectos fuera. Aparte de estos barriles comerciales, es fácil hacer el suyo propio con algunos materiales. Sin embargo, antes de empezar a recoger el agua de lluvia, compruebe las normas de su zona. Puede que no permitan la instalación de barriles de lluvia. Si este es el caso, el agua de lluvia todavía puede ser utilizada para cultivar plantas como berros y perifollo en lugares donde el agua tiende a acumularse después de una tormenta.

Criar Abejas y Otros Animales de Granja Pequeños

Si su patio trasero tiene suficiente espacio para un cobertizo, un gallinero o una colmena, puede intentar criar algunos animales o abejas. Muchas zonas residenciales permiten criar pequeños animales de granja, abejas y aves de corral. Solo tiene que comprobar las ordenanzas de su zona y obtener los permisos o licencias necesarias. Si usted cría algunos pollos, puede tener un suministro de huevos y carne. Los excrementos de las aves también pueden ser utilizados para la fertilización natural del jardín. Si usted quiere su propio suministro de leche, trate de criar un par de cabras. La variedad enana nigeriana puede darle casi tres cuartos de galón por día. Si usted cultiva abejas, obtendrá un suministro de miel y cera de abejas. Las abejas también ayudarán a polinizar su jardín. Hay muchas posibilidades si puede hacer un espacio para estos animales en su jardín.

Abono

Puede hacer sus propias mejoras en el suelo teniendo un contenedor de abono. De esta manera, puede convertir los restos de comida y los recortes del jardín en un rico alimento para sus plantas. Puede utilizar el abono para añadir nutrientes al suelo, y esto mejorará la calidad del suelo, promoviendo así el crecimiento de las plantas. La mejor parte es que cualquiera puede hacer abono porque solo requiere cosas como hojas, tierra arcillosa, desechos de plantas o restos de jardín. Cuando se añade una capa de abono sobre el suelo, se combaten las malas hierbas y se reduce la cantidad de agua utilizada. El abono orgánico también mejora la calidad del suelo una vez que se descompone. Los recortes de hierba y las hojas caídas de su propio jardín pueden utilizarse como abono.

Capítulo Dos: Consideraciones antes de Comenzar

Los códigos y ordenanzas de zonificación locales deben considerarse siempre antes de planificar cualquier proyecto de cultivo o de adquisición de ganado. Otra consideración es determinar cuánto tiempo y dinero tiene que invertir en su proyecto. ¿Cuáles son sus objetivos? ¿Tiene la intención de tener ganado? ¿Qué estructuras necesitará construir? ¿Hay una fuente de agua disponible, o tendrá que hacer una captación de agua? ¿Y una fuente de energía?

No importa cuán grande o pequeña sea su granja, necesita resolver algunas cosas antes de empezar. Esto le permitirá maximizar la experiencia y cosechar las recompensas de sus esfuerzos.

Tiempo

El factor más importante que todos deben considerar es el tiempo. Piense antes de comprometerse con algo que le ocupará más tiempo del que puede invertir. Debe ser realista sobre la cantidad de tiempo que podrá dedicar a la granja. Considere cuánto tiempo requieren todos sus otros compromisos. Dependiendo del tiempo del que disponga, podrá decidir el tipo de granja que cultivará.

Espacio

El tiempo y el espacio que tiene disponible están correlacionados. Cuanto más espacio haya para una granja, más tiempo requerirá para construirla y mantenerla. Si tiene un gran patio trasero y quiere convertirlo todo en una mini granja, requerirá mucho más tiempo del que podría imaginar. Si dispone de tiempo limitado, decida utilizar un espacio más pequeño del patio trasero, y aumente el tamaño más tarde si el tiempo lo permite. El espacio disponible también determinará los tipos de plantas que cultive o el tipo de ganado que pueda mantener.

Agua

El agua es un aspecto crucial de cualquier granja. ¿Su patio trasero tiene fácil acceso al agua? Esto es especialmente importante para aquellos que viven en climas áridos. ¿Tendrá que pagar por el suministro de agua? ¿Tendrá que usar mangueras, o hay un sistema de rociadores? ¿Será fácil de reparar si surge algún problema con las tuberías de agua? Los métodos de riego utilizados en una granja de cultivo son normalmente diferentes de los que se utilizan en las granjas cercanas. En su granja de patio trasero, es más probable que utilice regaderas, mangueras de remojo o líneas de goteo. Las malezas crecen con menos frecuencia si no se riega el área entre las plantas. Si utiliza aspersores, la mayor parte del suelo será regado, y esto aumenta las posibilidades de que aparezcan malezas. Si desea utilizar aspersores, tendrá un mayor suministro de agua superficial, una mayor frecuencia de riego y habrá problemas como el crecimiento de hongos o moho polvoriento.

Suelo

El suelo de su patio trasero tiene que ser apropiado para cultivar todas las plantas que quiera. Tiene que comprobar si su tierra está lista para ser usada o si requerirá muchas mejoras. Averigüe si el área fue usada para plantar antes. Si no, ¿qué más se hizo allí? Es importante que usted haga una prueba de suelo si quiere tomar esto en serio. Esto le permitirá hacer los ajustes y mejoras necesarios al suelo para que sea adecuado para el crecimiento de las plantas.

Compartir

Será imposible hacer todas las tareas de la granja solo, así que tiene que aprender a compartir la carga por igual. Calcule un horario y tareas para quien esté involucrado y asigne los deberes antes de que comience la temporada. Esto le permitirá hacer el trabajo mejor y más rápido. Si está compartiendo el espacio con otra persona, entonces tiene que encontrar la manera de trabajar juntos en armonía y sin afectar el trabajo del otro.

Equipo

¿Tiene el equipo necesario para su granja, como mangueras u otros equipos? Haga una lista de lo que tiene y de lo que necesitará comprar. Invierta en algunas de las herramientas básicas de granja que todo el mundo necesita.

Estas son todas las cosas básicas que tiene que considerar al empezar.

Además de lo mencionado anteriormente, hay otras cosas que debe tener en cuenta también.

Aprenda Acerca del Negocio de Pequeñas Granjas en su Región

Más del 95 por ciento de las granjas en los Estados Unidos son de propiedad familiar. Por eso las pequeñas granjas son de gran importancia en la industria agrícola. Una pequeña granja es clasificada como tal por el Servicio de Investigación Económica del USDA si gana menos de 350.000 dólares en un año. Los EE. UU. tienen casi dos millones de granjas pequeñas, incluyendo granjas de retiro y granjas de ocupación no agrícola. Usted debe mirar en el sitio web del USDA para más especificaciones y ver si su granja será considerada como una pequeña empresa agrícola.

Considere Por Qué Quiere Comenzar Su Pequeña Granja en Primer Lugar

Si desea iniciar una mini granja con éxito, primero debe entender sus razones para hacerlo. Tengan claras las intenciones y objetivos de su mini granja. ¿Es solo para la auto-sostenibilidad? ¿Es porque quieres ganar algo de dinero? ¿Desea ser más respetuoso con el medio ambiente? Su intención o motivación es lo que impactará la mayor parte de su estrategia. Piense en estas preguntas y sea sincero consigo mismo para determinar a dónde quiere ir con su pequeña granja. Puede ser un hobby que al final se convierte en un pequeño negocio secundario. Sin embargo, las implicaciones fiscales serán diferentes para una granja comercial que para una granja recreativa.

Obtener Algo de Experiencia Real

En el caso de las grandes granjas, la mayoría de las habilidades y conocimientos relacionados con la agricultura se transmiten de generación en generación. Sin embargo, para un agricultor en pequeña escala o un principiante, es importante adquirir estos conocimientos por sí mismo. No basta con ver videos o leer libros sobre el tema. Usted debe hablar con agricultores experimentados y ensuciarse las manos con la experiencia real de la agricultura. Esta es la mejor manera de tener éxito en el cultivo de plantas o la cría de ganado. Aprender de los demás también le ayudará a evitar los errores que inicialmente cometieron y a entender los diversos riesgos asociados con la agricultura. Si se quiere obtener un beneficio de su pequeña granja, también se debe obtener el conocimiento del negocio que le ayudará con ella. Solo tiene que invertir un poco de tiempo y esfuerzo para lograr todo lo anterior.

Aprenda Sobre la Marcha

Puede que nunca antes haya cultivado, pero una vez que se lo proponga, cualquiera puede hacerlo. Puede empezar con unas pocas plantas y aprender a mejorar el crecimiento de las mismas. La agricultura es un poco mayor que cultivar unas pocas hierbas en su jardín. Sin embargo, si puede hacer lo último, puede avanzar lentamente en el cultivo de su granja también. La mejor parte de la agricultura es que se puede seguir aprendiendo sobre la marcha. Cuanto más haga y se comunique con otros agricultores, mejor lo hará. El uso de una guía como este libro le ayudará a acelerar el camino hacia el éxito de una pequeña granja. Pero lo más importante es poner en práctica todo lo que ha aprendido. Sus habilidades se perfeccionarán a medida que siga trabajando. Cuanto más usted aprenda, con más confianza podrá ampliar su área de cultivo cada temporada. Es mejor empezar con algo pequeño e ir desde allí.

Decida si Su Mini Granja es un Hobby o un Negocio

Si usted quiere comenzar su granja por puro interés o para ser autosuficiente, manténgala como una granja de hobby. Esto le permitirá experimentar mucho más y disfrutar de toda la experiencia de la agricultura. Si tiene el espacio adecuado y quiere ganar algo de dinero con sus esfuerzos, entonces puede convertirla en una granja de negocios. Pero tiene que decidir lo que quiere desde el principio con el fin de planificar y ejecutar en consecuencia.

Haga Su Investigación de Mercado

No se debe saltar la fase de investigación de mercado, ya que es un paso importante para alguien que quiere convertir su mini-granja en un negocio. Si ha decidido lo que quiere cultivar y criar en su granja, debe hacer el estudio de mercado en consecuencia. Usted tendrá que averiguar quiénes son sus clientes potenciales y dónde va a vender sus productos. Tiene que elaborar un plan para hacer todo esto teniendo en cuenta a la competencia. No es muy difícil realizar un estudio de mercado informal, aunque no lo haya hecho antes. Aprenda más sobre el mercado local, el mercado de los agricultores, etc. Además, compruebe si ciertos productos están sub-representados en estos lugares para que usted pueda proporcionar la oferta. El departamento agrícola del estado local será de ayuda durante esta fase de la investigación. También podrá aprender qué licencia necesita y las directrices para la seguridad alimentaria y el acceso al mercado.

Obtener Financiación

Si no tiene suficiente dinero para empezar la granja, tiene que considerar opciones para financiarse. Hay algunas formas de financiar la granja sin estar endeudado hasta las rodillas. Pedir un préstamo con su tarjeta de crédito es una de las opciones por las que no debe optar. Hay otras formas, como la autofinanciación, que le permitirá obtener beneficios y no preocuparse por las deudas. También es importante ser realista al principio. No pretenda comprar un equipo caro con un préstamo justo al principio. En su lugar, debe obtener lo básico y poco a poco ir construyendo sobre ello. Si su negocio despega, puede empezar a comprar lo que necesita para que la granja funcione mejor. Llevar a cabo una operación rentable con un presupuesto pequeño también le facilitará obtener un préstamo más grande de los bancos más adelante.

Comercializar y Vender

Puede comercializar y vender sus productos agrícolas de muchas maneras. La forma más obvia de hacerlo es en el mercado local de agricultores. Hay otros canales que puede considerar, también. Incluso puede establecer una tienda agrícola o un puesto de productos en su propiedad si es lo suficientemente grande y hay mucho tráfico allí. Otra opción es a través de la Agricultura de Apoyo Comunitario, donde una parte de su rendimiento será comprada por el patrón a un precio fijo regularmente, cuando el producto esté listo. También puede vender con otros cultivadores locales bajo una marca unida. Algunas tiendas de alimentos también pueden estar dispuestas a vender sus productos, así que asegúrese de acercarse a ellos. Evalúe sus opciones y elabore un plan de comercialización.

Capítulo Tres: Creando un Diseño para Su Espacio

Ahora vamos a entrar en el tema de la disposición de una mini granja—creando un diseño de planos que se ajuste a las dimensiones del patio, designando los espacios de cultivo, la captación de agua, el compostaje, el almacenamiento de herramientas, y el espacio de trabajo pagará grandes dividendos. También hay que preparar un calendario estacional que trace el tiempo para plantar semillas en el interior, los horarios de cosecha, la rotación de cultivos, etc.

Puede ser muy divertido tener una lluvia de ideas y crear un diseño para su nueva mini-granja. Sin embargo, también puede ser un desafío. Puede que usted sea un principiante o que ya tenga alguna experiencia con la jardinería y la cría de animales, pero aun así necesita tener en cuenta algunos aspectos básicos.

Cuando comience, puede ser bastante fácil dejarse llevar. Puede que usted esté entusiasmado, pero lanzarse a dirigir una mini-granja sin pensarlo un poco podría hacer más daño que bien. Se necesita una cuidadosa planificación, organización y tiempo para tener éxito en la gestión de una granja.

Primero, tiene que averiguar sus objetivos, tanto a largo como a corto plazo. Estos objetivos le ayudarán a decidir cómo empezar con la jardinería y qué animales criar. Es posible que más adelante desee introducir un invernadero en su granja, por lo que debe planear un área donde pueda ir. Si también establece objetivos para el futuro, le permitirá planificar con anticipación y tener una transición suave más adelante. Sus metas le ayudarán a trazar un mapa del terreno de manera adecuada. Hacer una lista de los proyectos a gran escala le ayudará a diseñarlos con antelación y a planificar un presupuesto.

Antes de empezar a trazar el diseño, tenga en cuenta estas cosas:

• Tiene que comprobar las leyes de urbanismo de su zona para el cultivo y los animales. Esto es especialmente importante en las zonas urbanas. Las leyes a menudo requieren que usted mantenga una cierta distancia de la tierra de su vecino. También hay regulaciones sobre los animales que puede o no puede tener. Ciertas áreas no permiten un jardín en el patio delantero también. Algunas áreas tienen reglas sobre el mantenimiento de un número específico de animales y su alojamiento a cierta distancia de la casa del vecino. Es fácil buscar las leyes provinciales y estatales en su ubicación.

• También hay que tener en cuenta la exposición a la luz solar en diferentes partes del jardín. Las plantas como el maíz o los tomates necesitarán más de ocho horas de luz solar directa en un día. Otras plantas, como las de hojas verdes, solo necesitarán de cuatro a seis horas de exposición solar. Tiene que observar la luz que cae en su patio para determinar dónde debe plantar sus cultivos en consecuencia. También tiene que mantener las sombras de los árboles o edificios en perspectiva. Si está construyendo estructuras como invernaderos o cobertizos, puede cultivar plantas que den sombra a su alrededor.

• Si está añadiendo animales a la granja de su patio trasero, piense en todo lo que necesitará. Planifiqué el edificio en el que los alojarás. Puede que usted necesite tener un área para alimentar o guardar el heno. Si desea comenzar con unos pocos animales y añadir más en un momento posterior, tendrá que asegurarse de que tiene suficiente espacio para hacerlo en su diseño. Planifiqué la estructura de manera que usted puede construir más tarde sin afectar el jardín alrededor de ella.

- El cercado es otro factor importante a considerar. Si su área tiene animales como alces u osos alrededor, necesita una cerca lo suficientemente grande para mantenerlos fuera. Los roedores son comunes en las zonas urbanas, por lo que su cercado debe hacerse en consecuencia. Los costos de la construcción de la granja se suman cuando tiene que añadir una gran valla alrededor del patio para proteger el jardín y los animales.

- Si desea plantar arbustos y árboles, tiene que colocarlos en zonas donde no arrojen sombra sobre sus plantas. Plantarlos puede ser costoso, pero a la larga vale la pena. Tiene que considerar el espacio que el árbol ocupará cuando crezca también. Si el espacio es limitado, puede buscar árboles que ocupen menos espacio y plantarlos. Hay variedades enanas de muchos árboles frutales que también puede intentar cultivar.

Trazar el Mapa del Patio

Después de considerar los puntos mencionados, el presupuesto y las restricciones de tierra, puede empezar a diseñar la granja. Independientemente de lo pequeño o grande que sea su patio, tiene que hacer un mapa. Puede ser una gran superficie o incluso un pequeño lote en un área urbana. Teniendo en cuenta sus objetivos, puede dibujar y diseñar algunas opciones diferentes para su patio. Garabatear muchas combinaciones diferentes para el diseño le ayudará a encontrar la mejor al final. Sus planes probablemente cambiarán de acuerdo con su presupuesto y con el tiempo.

Si quiere concentrarse más en la jardinería, entonces tener un asesor de jardinería le será útil. Cree un plan para trazar el mapa de dónde crecerán ciertas plantas y los metros cuadrados que quiere dejarles. Es necesario especificar el espacio para cada estructura que pretende construir, la maquinaria que podría necesitar, el almacenamiento de herramientas, etc. Esto hará que el proceso de mantenimiento y trabajo en la granja sea más fluido y eficiente.

Los siguientes consejos le ayudarán a crear una disposición para su granja:

1. Arregle todo de la manera más eficiente posible para su granja.

2. La planificación debe hacerse de manera que también se reduzcan los costos de mano de obra.

3. Elija el sistema de cultivo primero y luego cree el diseño de la granja. El diseño será diferente según el tipo de sistema de cultivo que siga.

4. La utilización eficiente del espacio es esencial. Solo contará con una cierta cantidad de espacio para trabajar, por lo que debe ser utilizado de la mejor manera posible. El desperdicio de espacio no trabajará a su favor.

5. La accesibilidad es otro factor. Es importante que usted pueda acceder a todo en la granja fácilmente y sin obstáculos. Tiene que mantener un espacio adecuado entre los lechos de las plantas, equipos, estructuras, etc., para que pueda moverse libremente. La disposición de la granja debe favorecer el fácil manejo de los materiales y equipos, y el diseño debe permitir que el trabajo se realice con el mínimo movimiento requerido. Todo debe ser directamente accesible.

6. La visibilidad también es importante para que haya una iluminación adecuada, y todo pueda ser supervisado convenientemente.

Creación de un Calendario Estacional

Tener un calendario estacional jugará un gran papel en su hogar. Al igual que se traza la disposición de la granja, también se debe hacer un plan para cuando ciertas cosas tendrían que ser hechas a lo largo del año. Como principiante, cometerá muchos errores, pero con una planificación cuidadosa, también puede evitar muchos de ellos.

Una cosa que hay que recordar es que no se puede hacer todo al mismo tiempo. Su granja puede estar en su patio trasero, pero hay otras obligaciones que tiene en la vida también. Tiene que planificar las cosas de una manera que sea conveniente y realista. No hay que intentar hacerlo todo al mismo tiempo. Tampoco tiene que tratar de hacer todo lo que los demás hacen en sus granjas. Hay muchas cosas diferentes que puede probar con el tiempo y ver qué es lo mejor para usted. No es necesario criar pollos, cerdos y abejas al mismo tiempo.

Con el tiempo, vea lo que funciona mejor y manténgalo a largo plazo. Piense en lo que le beneficiará más a usted y a su familia mientras trabaja en su jardín. No cultive alimentos que a nadie en su casa le gusta comer. No críe animales que sean más problemáticos de lo que usted puede manejar. Solo encuentre lo que se ajuste a sus necesidades y presupuesto y trabaje en ello. Otro punto es que usted debe utilizar las estaciones como una guía. Puede dividir mejor su trabajo a lo largo del año si sigue las estaciones.

Cultive las cosas en la estación en la que normalmente se desempeñan mejor. Esto reducirá su carga de trabajo y ayudará a que sus plantas crezcan bien. En lugar de tratar de cultivar fuera de temporada plantas que requieren mucho cuidado, cultive las que florecerán naturalmente en su jardín con un mínimo esfuerzo de su parte. El tiempo es muy importante cuando se crían plantas y animales. Debería aprender más sobre los calendarios de jardinería y los programas de vacunación para el ganado también.

La granja de cada persona es diferente, y lo que haga en la suya dependerá totalmente de usted. Puede crear un calendario estacional puramente para su propia granja, mientras utiliza a otros como guía. Nadie puede dictar lo que debe cultivar, cuándo o cuánto. Tiene que resolver todo esto usted mismo mientras trabaja en la granja. Tener un plan solo le ayudará a llevar a cabo las cosas más fácilmente a lo largo del año.

Capítulo Cuatro: Construyendo las Estructuras necesarias

Para empezar una granja adecuada, tiene que considerar la construcción de diversas estructuras necesarias, ya que asegurará el éxito de su mini granja. Las estructuras a considerar son cobertizos para el almacenamiento de alimentos y herramientas, gallineros, contenedores de abono, estaciones de trabajo, viveros, e invernaderos. Puede ahorrar dinero al reutilizar las cosas para estos proyectos. Aquí usted aprenderá cómo construir algunas de las estructuras que son comunes en las granjas.

Construir un Cobertizo

Puede ser extremadamente gratificante construir su propio cobertizo, aunque sea un poco difícil.

Así es como puede construir su cobertizo en el patio trasero:

Consiga un Permiso

Averigüe los códigos de construcción de su localidad. Algunas áreas requieren que usted obtenga un permiso de construcción antes de construir un cobertizo en su patio. Puede preguntar en la oficina de obras e informarse sobre los detalles. Ellos le dirán cómo puede conseguir un permiso y comenzar con su cobertizo. No se arriesgue a construir el cobertizo antes de obtener el permiso porque su trabajo duro podría desperdiciarse. Si el permiso no es concedido, todo el cobertizo tendrá que ser derribado. Tiene que aprender los códigos de construcción locales, para que el cobertizo sea aprobado por las autoridades.

Nivelación

El suelo puede tener que ser nivelado, y es necesario instalar algunos muelles de cubierta que apoyen el cobertizo. Los muelles de cubierta permiten ensartar las vigas de soporte debajo del suelo del cobertizo. Por ejemplo, en una dirección, puede colocar los muelles a unos seis pies de distancia, y en otra dirección, puede colocarlos a cuatro pies de distancia. Esto permitirá que el área total de la cuadrícula sea de unos 12 x 8 pies. Es conveniente hacer esto porque solo se necesitan tres hojas de madera contrachapada de cuatro x ocho pies para cubrirlo una vez que se colocan los soportes a lo largo de la rejilla. Si quiere construir el cobertizo sobre una losa de hormigón, es importante colocar la losa de hormigón antes de construir el cobertizo. El hormigón ayudará a proteger el cobertizo de las filtraciones de agua del suelo. Siguiendo los planos del cobertizo será más fácil construirlo. Puede crear el plan usted mismo o descargar una opción profesional previamente planificada.

Vigas de Soporte

Las vigas de soporte deben ser ensartadas a lo largo de los muelles de la cubierta de forma longitudinal. Soportará las vigas del piso que corren en dirección opuesta. Las correas de metal son la forma más fácil de sujetar las vigas a los muelles. Estas correas de metal tienen agujeros para clavos incorporados.

Las vigas deben ser fijadas a las vigas de soporte y separadas con bloqueos. Una viga de borde debe ser fijada a lo largo del borde exterior de cada viga de soporte exterior. Las vigas del borde tienen que tener la misma longitud que las vigas que están debajo de ellas. Luego las vigas del piso tendrán que ser instaladas a lo largo de toda la longitud de las vigas de soporte. La longitud de las vigas del suelo tiene que ser tal que encajen entre dos vigas de borde. Instalar un trozo de relleno entre cada dos vigas del piso a lo largo de la viga de soporte en el centro evitará que las vigas del piso se muevan.

Piso

Para el suelo del cobertizo, hay que clavar láminas de contrachapado en las vigas. Junto con el clavado de las láminas, también se pueden utilizar clips en H que encajan entre un par de piezas de madera contrachapada y añaden resistencia estructural al unirlas. También puede atornillar el piso del cobertizo con tornillos de 3 pulgadas.

Marco

El marco de las cuatro paredes tiene que ser construido. Las paredes delanteras son diferentes a las traseras, y las laterales tienen que estar inclinadas, así que todas ellas deben ser abordadas por separado. Será más fácil hacer primero la pared trasera y luego la delantera seguida de las laterales. Para construir el armazón de la pared trasera, las vigas inferiores y superiores deben tener la misma longitud que el piso donde se sentarán. Si se mantiene el espacio entre las vigas del piso igual al espacio entre los montantes verticales, se mantendrán las medidas simples.

La pared delantera debe ser más alta que la trasera, ya que esto permitirá que el techo reduzca la velocidad y dirija el agua de lluvia lejos de la puerta. Para construir el marco de la pared frontal, asegúrese de que es igual a la pared trasera, pero más alta. También debería tener un marco para la puerta, para poder añadir una puerta al cobertizo más tarde. Para construir el marco de la pared lateral, asegúrese de que las placas inferiores son de la longitud que permitirá a las paredes laterales encajar entre la pared delantera y la trasera. En los EE. UU., el espacio estándar es de 16 pulgadas entre los montantes de la pared vertical. La placa superior tiene que estar en ángulo para hacer el techo inclinado. Esto significa que los montantes verticales tendrán diferentes alturas. Entonces todas las estructuras de la pared tienen que ser ensambladas y clavadas desde la parte inferior hasta el soporte subyacente. También se pueden clavar a través de las vigas y el contrachapado. Necesitará algo de ayuda cuando haga esto, ya que alguien tiene que sostener las estructuras de la pared mientras se unen.

1. Las vigas tienen que ser construidas a través del techo y separadas con bloques. Las vigas sobresaldrán de las paredes, ya que proporcionan más protección contra el clima. Mantenga el espacio de las vigas igual al del piso para que sus medidas sean simples. Luego coloque el relleno entre cada par de vigas en las placas superiores.

2. El techo puede formarse clavando láminas de madera contrachapada en las vigas. La disposición de la madera contrachapada para el suelo tendrá que ser alterada si se añade una saliente.

3. Las paredes tendrán que ser cubiertas por materiales como madera contrachapada texturizada o revestimientos para darle un acabado perfecto.

4. Añadiendo lona en capas superpuestas en el tejado protegerá el cobertizo de que el agua de lluvia se filtre a través de las grietas.

Construyendo un Invernadero

Tener un invernadero en su patio trasero le permitirá cultivar una variedad de plantas durante todo el año. Permite al granjero o jardinero crear un ambiente perfecto para sus plantas. Puede comenzar a plantar en primavera y la temporada de crecimiento puede extenderse más allá del otoño. Mientras que los invernaderos tradicionales pueden ser caros, también hay otras opciones más baratas. Puede comprar un kit de invernadero que esté listo para ser ensamblado. También puede optar por construir un invernadero desde cero en su patio trasero.

Antes de decidir el invernadero adecuado para su granja, debe considerar algunos factores:

Ordenanzas

Antes de empezar a construir un invernadero, comprueba las reglas de su área a fin de ver si está permitido construirlo. Probablemente tenga que solicitar un permiso, ya que los invernaderos suelen ser considerados como dependencias. Si su comunidad tiene una asociación de propietarios, también necesitará su aprobación. Esto puede resultar difícil en muchas comunidades porque sus políticas de vivienda suelen estar en contra de las dependencias. Por eso es importante conocer las ordenanzas antes de planear su invernadero.

Luz Solar

La orientación del sol es otro factor importante. Los invernaderos se construyen para proporcionar a las plantas un ambiente soleado y cálido óptimo para su crecimiento. La ubicación del invernadero en su patio trasero es importante. Lo óptimo es que el invernadero esté orientado al sur o al sureste. Esto le permitirá capturar la luz del sol de la mañana. En la mayoría de los climas, un invernadero orientado al este también funciona bien. Debe construir el invernadero en un lugar donde reciba luz solar ininterrumpida durante al menos seis horas al día. Si su región experimenta fuertes nevadas, también debe asegurarse de que el invernadero sea capaz de soportar la carga de nieve sin colapsar.

Cristales

Tradicionalmente, el vidrio se utiliza como material de acristalamiento para un invernadero. Sin embargo, el vidrio puede ser caro, frágil y pesado. Por eso es que los invernaderos de bricolaje suelen utilizar materiales como el acrílico, el policarbonato, las láminas de polietileno o la fibra de vidrio para el acristalamiento. Las láminas de acrílico, fibra de vidrio y policarbonato son buenos aislantes, resistentes y permiten una gran transmisión de la luz. Sin embargo, la fibra de vidrio tiende a descolorarse con el tiempo. Las láminas de polietileno son muy asequibles y pueden ser fáciles de instalar. Sin embargo, no son resistentes y se dañan con facilidad.

Estructura

Los marcos de la mayoría de los invernaderos están hechos de metal o madera. Para los invernaderos pequeños o medianos, la madera puede ser una opción más barata y es más fácil de trabajar. El metal es más costoso que la madera, pero es más fuerte y tiene mejor resistencia a la intemperie. El aluminio es una gran opción porque es fuerte, ligero y resistente a la corrosión.

Pisos

El material del suelo de un invernadero puede ser grava, laja, cubierta de madera, hormigón vertido, rejillas metálicas o incluso tierra descubierta. Sin embargo, un suelo de tierra descubierta solo es eficiente si el patio suele estar seco. Si no, habrá un desastre de barro en el interior del invernadero. El hormigón es una opción duradera, pero no drena bien y es caro. La grava drena bien y es relativamente barata. También puede renovar los pisos de grava fácilmente con solo añadir un poco más.

Control de la Temperatura

Es fundamental poder regular la temperatura dentro de los invernaderos, porque los inviernos pueden ser demasiado fríos y los veranos pueden ser demasiado calurosos para las plantas. Tener extractores, ventanas operables o ventilaciones en el techo le ayudará a expulsar el aire caliente de su invernadero. Los paños de sombra también pueden usarse para bloquear el calor solar. Cuando hace mucho frío, se puede instalar un calentador eléctrico para mantener el invernadero caliente. Use uno que tenga un ventilador que pueda ser controlado termostáticamente. Si el clima en su región es moderado, el frío puede ser ahuyentado con sistemas solares fijos. También puede intentar apilar bloques de hormigón o barriles llenos de agua dentro del invernadero. Estos absorberán la energía del sol durante el día y luego liberarán el calor por la noche cuando la temperatura baje.

Construir un Contenedor de Abono al Aire Libre

El abono permite mejorar la fertilidad del suelo, nutrir los microbios útiles, llevar a cabo la regulación de la humedad y proteger el suelo de los microbios dañinos. La creación de un sistema de tres cajones le ayudará a bombear una gran cantidad de abono útil en semanas. Si usted se acerca al compostaje de una manera más práctica, le tomará meses para obtener un abono rico para su uso en el jardín. Usar cedro resistente a la descomposición le permitirá tener un gran contenedor de abono de larga duración, en comparación con otros.

Manejando el Contenedor de Abono

Puede utilizar sustancias compostables como restos de verduras y frutas, hojas secas, periódicos viejos y virutas de madera para llenar un contenedor de abono. Una vez que este recipiente está lleno, el contenido debe ser transformado en el segundo recipiente. Debe revolver el contenido del recipiente cada dos días, ya que esto promueve una descomposición más rápida. Así que, cuanto más lo gire, más se descompondrá. Entonces comience a llenar el tercer recipiente con material compostable fresco. Cuando este recipiente está lleno, el abono del segundo recipiente está listo, y el primero está vacío, puede empezar a hacer abono desde el principio de nuevo.

Construyendo un Gallinero

Si se quiere criar pollos en la granja, se necesita un gallinero. Aunque puede comprar uno prefabricado, construirlo usted mismo puede ser divertido y más barato. Si tiene conocimientos básicos de carpintería, es bastante sencillo construir un gallinero. Sin embargo, es necesario que lo planee correctamente si no tiene ninguna experiencia previa en ello.

Decida Cuán Grande o Pequeño Quiere que sea el Gallinero

El tamaño de su gallinero tiene que ser determinado antes de cualquier otro trabajo. Generalmente, cada pollo requiere alrededor de tres pies cuadrados de espacio en un gallinero. Así que, dependiendo de cuántos pollos quiere criar, tiene que considerar el material del gallinero. Si quiere tener cuatro pollos, entonces necesita un gallinero de por lo menos 12 pies cuadrados. Sin embargo, si planea mantener los pollos dentro del gallinero todo el tiempo, cada pollo debe tener de ocho a diez pies cuadrados de espacio. Tener un gallinero estrecho estresará a los pollos, los enfermará y podría causarles la muerte. El gallinero se ensuciará muy rápido y olerá mal.

Está bien mantener tres pies cuadrados de espacio por pollo solo si los dejas salir la mayor parte del tiempo. Los pollos de la raza bantam necesitan aún menos espacio.

Decida Dónde Colocará el Gallinero

La ubicación del gallinero es el segundo factor que hay que considerar. Debe colocarse en un lugar que reciba luz solar natural durante el día. También tiene que haber un buen flujo de aire, pero no demasiada exposición a vientos fuertes. Colocar el gallinero bajo la sombra de un gran árbol puede ayudar a controlar los factores de sol, sombra y viento. También debe garantizar la facilidad de acceso, ya que el gallinero debe ser revisado un par de veces al día. Así que, colóquelo en algún lugar que le facilite el control de los pollos. El gallinero puede ser ruidoso y maloliente también, así que manténgalo a una distancia apropiada de su casa o de cualquier vecino. Puede vigilar su patio trasero durante unos días para decidir el lugar adecuado para el gallinero.

Ahora Puede Empezar a Planear el Gallinero

Un gallinero no es solo un techo y cuatro paredes para mantener a los pollos protegidos. Es un espacio que mantiene a sus pollos sanos y vivos. Tiene que añadir una caja de nidos para que las gallinas pongan sus huevos. Una caja es suficiente para dos gallinas. Debe estar a unos 15 centímetros del suelo y tener un tamaño de unos 30 x 30 x 30 centímetros. El gallinero debe tener la luz y la ventilación adecuadas, o las gallinas pueden enfermarse fácilmente. También hay que añadir comederos y bebederos para que las gallinas coman y beban. Mientras que esto es lo básico, también hay que considerar otras adiciones para el gallinero. Una zona de perchas es ideal para los pollos, ya que les encanta dormir en ellas. Tenga un área exterior cercada en el patio trasero para que jueguen. Una caja de baño de arena permitirá a las gallinas limpiarse y mantenerse sanas. Tener una bandeja de caca debajo del área de la percha le ahorrará tiempo en la limpieza. Añada iluminación al gallinero para los inviernos; aumentará la producción de huevos.

Una vez que usted ha planeado y tiene todo listo, puede comenzar a construir el gallinero. Hay muchos planos disponibles en Internet o en libros. Puede usar las instrucciones para el cobertizo mencionadas arriba y modificarlas en consecuencia.

Estas son algunas de las estructuras que debe considerar construir en su patio trasero para convertirlo en una eficiente mini granja.

Capítulo Cinco: Comenzando a Cultivar Orgánico

La tendencia de la jardinería orgánica ha impulsado a muchos jardineros y principiantes a cambiar a métodos de jardinería alternativos y de bricolaje. En la agricultura y la jardinería en general, orgánico significa todo lo que se cultiva sin el uso de fertilizantes sintéticos, hormonas artificiales o pesticidas.

Hablando científicamente, la jardinería orgánica se describe como una técnica de gestión de la producción ecológica que promueve la actividad biológica del suelo, la biodiversidad y los ciclos biológicos. Las prácticas de jardinería orgánica promueven y mejoran la biodiversidad natural, y se centran en hacer que el jardín y el jardinero sean autosuficientes y sostenibles. Si usted es un novato que está empezando su experiencia con la jardinería orgánica, aquí hay algunos consejos para usted:

Usar Tierra o Mantillo de Jardín Orgánico

Para cultivar frutas y verduras orgánicas y sanas, hay que empezar con un suelo sano y fértil. La materia orgánica es el componente más importante del suelo. El uso de materia orgánica como el abono, el musgo de turba o el estiércol puede mejorar la calidad de las plantas. El estiércol y el mantillo contienen materia en descomposición que queda de los ciclos de las plantas anteriores. Estos microorganismos suministran a las plantas los nutrientes que necesitan. Puede hacer su abono usando un contenedor o un área designada donde deshacerse de los residuos orgánicos de su cocina.

Si el proceso parece demasiado largo y problemático, puede comprarlo a proveedores, centros de jardinería y tiendas de productos para el hogar. Esparcir una capa de una pulgada de espesor de mantillo en el lecho de su jardín puede reducir el crecimiento de las malas hierbas y otras plantas no deseadas. El mantillo también evita que las esporas que contienen enfermedades fúngicas se desplacen hacia las plantas y las arruinen. El mantillo está hecho de materiales orgánicos como paja, cáscaras de cacao y periódicos. El mantillo se descompone con el tiempo y añade materia orgánica beneficiosa al suelo.

Usar Fertilizantes Orgánicos para el Jardín

La fertilización de las verduras y frutas es necesaria si se quiere que las plantas crezcan más rápido y rindan mejor. La agricultura orgánica significa que tiene que utilizar fertilizantes orgánicos, como el estiércol de los animales (por ejemplo: vacas, pollos, conejos o cabras). Si no tiene acceso a estiércol animal o a abono en descomposición, puede pedir fertilizantes orgánicos preenvasados en Amazon u otras tiendas en línea. Puede encontrar una gama de diferentes fertilizantes orgánicos en florerías y tiendas de artículos para el hogar. Puede evitar el uso de fertilizantes si ya tiene un suelo rico en nutrientes. El suelo demasiado fertilizado puede hacer que sus plantas se ablanden y sean propensas a plagas y enfermedades.

Compra de Semilleros

Cuando se compran las plantas de semillero, muchos horticultores recomiendan usar plantas que exhiban colores saludables, con ausencia de hojas amarillas o marchitas. Evite comprar arbolitos o plantas de semillero que tengan las hojas caídas o marchitas. Cuando compre transplantes (retoños que están semicriados y necesitan ser transplantados al jardín), sáquelos de las macetas y examine sus raíces para asegurarse de que están saludables. Debe comprar arbolitos que tengan raíces blancas y bien desarrolladas. Evite comprar plantas que ya hayan formado capullos o flores. Si no puede evitar comprarlas, quite los brotes y las flores con unas tijeras de jardinería. Esto permite a la planta utilizar toda su energía en el establecimiento de nuevas raíces en lugar de desviar recursos esenciales en los capullos y flores.

Rotación de Cultivos

Muchas plantas y cultivos se ven afectados por enfermedades estacionales e infestaciones de cultivos. Se puede hacer frente a este problema plantando estos cultivos y evitando los lugares donde crecieron sus antepasados enfermos. Dos plantas que tienen una historia común para hacer frente a este problema son los tomates (incluyendo berenjenas, patatas, tomates y pimientos) y el calabacín (incluyendo calabaza, sandía y pepino). La rotación de estos cultivos a diferentes partes de su jardín después de cada cosecha puede ayudar a prevenir las infestaciones de enfermedades y evitar el agotamiento completo de los nutrientes en el suelo.

Mantenimiento y Recolección de Hierbas

Las malas hierbas pueden ser molestas, y pueden invadir su jardín en pocos días. Si es serio acerca de la jardinería orgánica, prepárese para un poco de deshierbe diario. Aunque muchos herbicidas y desyerbadores son eficaces para matar estas plantas no deseadas, también pueden hacer que el suelo sea tóxico, destruyendo elementos que son beneficiosos para el suelo. El único método eficaz para evitar esto es sacarlos a mano. Arrancar las malas hierbas es más fácil cuando el suelo está húmedo y fangoso, por lo que es mejor hacerlo después de que haya llovido o después de regar el jardín. Puede arrancar las raíces pellizcando suavemente la base del tallo, o puede usar una paleta para desherbar si está quitando trozos grandes de vegetación. Puede que le lleve un tiempo antes de que se sienta cómodo haciéndolo correctamente, así que tenga cuidado de no dañar las plantas mientras le toma el gusto.

Mantener el jardín limpio es muy importante, especialmente si quiere que sus plantas crezcan bien. Debe desarrollar el hábito de caminar por su jardín y recoger el follaje muerto una vez a la semana.

Recoger una hoja infectada evita que una enfermedad se propague por todo el jardín de plantas orgánicas.

Producir sus vegetales, frutas o hierbas orgánicamente es un proceso a largo plazo y es mejor llevarlo a cabo en diferentes etapas, en lugar de un solo cambio adoptado en poco tiempo. Adoptar técnicas de jardinería orgánica significa que usted tendrá que hacer una transición de su estilo de vida convencional a uno orgánico.

El primer paso del proceso es tener buena calidad y cantidad de tierra donde se pueda cultivar su jardín orgánico. Si ya tiene un pequeño patio o jardín, puede asignar una pequeña área para sus propósitos de jardinería orgánica y mejorar la fertilidad y la calidad del suelo en esa área. Aunque el suelo no es sensible y no está vivo, es un recurso muy dinámico y biológicamente activo en términos de los diferentes microbios y reacciones químicas que ocurren en él. Proporciona a cada planta el agua, los nutrientes minerales y el oxígeno que necesita para crecer.

No tener que depender de otra persona para alimentarse y tener un jardín ecológico es un beneficio para todos. Tiene su propia fuente de deliciosos alimentos orgánicos sin químicos, y el medio ambiente que lo rodea obtiene la protección y los recursos necesarios que necesita. El mejor aspecto de la jardinería orgánica es que es un proceso fácil. Hay muchos beneficios al tener un jardín orgánico.

No solo es una gran manera de reducir su huella de carbono y comer alimentos libres de químicos, usted y su familia también serán felices sabiendo que los alimentos que están comiendo son orgánicos y saludables para usted. Además de los sabrosos productos orgánicos, la jardinería orgánica también le ahorra mucho dinero y le da una forma de pasar su tiempo libre de una manera productiva y satisfactoria. En este capítulo, profundizaremos en los diferentes beneficios que ofrece la jardinería orgánica.

Beneficios de la Jardinería Orgánica

Beneficios para la Salud

Como las prácticas de jardinería orgánica eliminan completamente el uso de pesticidas y fertilizantes químicos sintéticos, usted no manipulará ningún producto químico. Esto significa que no se rociarán productos químicos tóxicos ni se inyectarán hormonas de crecimiento artificiales, que es lo que ocurre en la mayoría de las prácticas agrícolas a gran escala. Estará reduciendo el contenido total de nitrato en sus alimentos cuando no esté utilizando ningún fertilizante sintético a base de nitrato.

No hay Toxinas

La mayoría de las verduras o frutas producidas en masa se cultivan utilizando una gran cantidad de pesticidas/insecticidas cancerígenos y modificaciones genéticas no naturales. Algunos de estos productos químicos siguen estando en las superficies, incluso si se lavan con agua. Las encuestas han demostrado que una gran parte de la población de países como la India, Japón y los EE. UU. que tienen DDT, mercurio y otras sustancias químicas nocivas en sus cuerpos. Estos químicos tóxicos pueden causar enfermedades sistémicas y mortales.

Alta Nutrición

Los alimentos orgánicos han demostrado ser mejores para la salud en comparación con cualquier producto cultivado en masa. Proporcionan más antioxidantes, un mayor contenido de nutrientes y pueden mejorar su salud en general. El factor más importante que contribuye a una mejor salud es que aumente su tendencia a comer verduras y frutas, porque tiene acceso a alimentos sabrosos y saludables que usted mismo ha cultivado.

No hay alimentos OGM

La jardinería orgánica elimina la necesidad de consumir OGM (organismos genéticamente modificados). Los OGM son plantas que se crían artificialmente con el fin de exhibir ciertas características. Estas plantas han sido alteradas y mezcladas con otras especies de plantas y animales. Por ejemplo, el ADN de los peces se implanta en los tomates para hacerlos resistentes a las enfermedades, el ADN de las bacterias se implanta en el maíz para aumentar la producción del cultivo, y el ADN de las arañas se inyecta en las cabras para aumentar la producción de leche. Aunque estas modificaciones genéticas pueden mejorar el cultivo haciéndolo resistente a diferentes enfermedades y plagas, no es saludable porque el cuerpo humano no está adaptado para ingerir y procesar estos OMG. Hay algunos casos en los que los alimentos OGM fueron casi desastrosos para la salud humana. Los productos orgánicos no están genéticamente modificados de ninguna manera. Por ley, no se pueden modificar genéticamente las semillas orgánicas.

Ahorre Dinero

Tener un jardín orgánico y cultivar sus propias verduras puede ahorrarle mucho dinero si lo hace bien, y eso es algo que a todo el mundo le gusta. Cuando se siguen las prácticas de la jardinería orgánica, se gasta mucho menos en suministros de jardinería como fertilizantes y pesticidas químicos. En lugar de gastar dinero en estas cosas, la jardinería orgánica fomenta el uso de restos de comida, residuos de cocina y recortes de jardín. No solo actúan como fertilizantes naturales libres de productos químicos tóxicos, sino que también ayudan al medio ambiente al reponer los nutrientes y los microbios del suelo.

La mayoría de las personas no son conscientes del hecho de que pueden fabricar fácilmente insecticidas o herbicidas a partir de cosas que se encuentran en todas las cocinas. Cultivar sus propios productos orgánicos en lugar de comprarlos en el supermercado o en el mercado agrícola puede ahorrarle hasta un 50% de sus gastos normales. No solo se reducen sus gastos en el supermercado, sino que también se evitan los costos de transporte y los costos de embalaje. También puede asegurarse de que su suministro de alimentos no se vea afectado durante los meses de invierno mediante la conservación y el almacenamiento de sus productos. Incluso puede cultivar cosechas abundantes durante estas temporadas y evitar la necesidad de comprar productos de invernadero.

Beneficios Ambientales

No Tiene Químicos

Como su nombre indica, la jardinería orgánica implica el uso de insecticidas y fertilizantes orgánicos en lugar de sustitutos químicos tóxicos. Es posible que se encuentren en Internet algunos estudios que parecen "mostrar los beneficios de los alimentos cultivados químicamente", pero es probable que hayan sido financiados por la industria de los plaguicidas. Es un hecho que los fertilizantes ricos en nitratos pueden matar a las lombrices de tierra, causando graves daños a la ecología natural del suelo y contaminando los alimentos con nitratos que dañan las células. Los fertilizantes y plaguicidas químicos que se utilizan en las prácticas agrícolas en gran escala producen escorrentías en los campos, que pueden contaminar el suelo y las fuentes de agua.

El cultivo orgánico es ecológico porque se permite que las plantas crezcan tal como la naturaleza lo ha previsto. La falta de fungicidas, plaguicidas, herbicidas y fertilizantes (que son venenosos) reduce la contaminación de las fuentes de agua y el suelo.

Bueno para el Suelo

El cultivo de sus verduras o frutas sin el uso de fertilizantes o insecticidas tóxicos es más saludable para la planta y el suelo. Los cultivos cultivados sin herbicidas o pesticidas son más coloridos, sabrosos y saludables que los cultivos no orgánicos. Esto se debe al uso de tierra con gran densidad de nutrientes en lugar de productos químicos sintéticos. Las frutas y verduras cultivadas orgánicamente son mucho más sabrosas porque se les da más tiempo para crecer y madurar.

Los fertilizantes, plaguicidas, fungicidas y herbicidas de base química que se utilizan en las prácticas agrícolas a gran escala son indiscriminados, matando a todos los organismos beneficiosos y no beneficiosos, como insectos de jardín, lombrices de tierra y microbios. Estos productos químicos arruinan la biodiversidad del suelo, y los cultivos que se cultivan posteriormente tienden a debilitarse y a ser propensos a las enfermedades. Cuando se practica la jardinería orgánica, no se utilizan estos productos químicos tóxicos para hacer crecer las plantas, lo que significa que el suelo se vuelve rico en nutrientes y las plantas crecen mejor. La preservación de la biodiversidad del suelo de su jardín se correlaciona directamente con una mejor salud de las plantas.

Un Buen Rendimiento y una Baja Huella de Carbono

Si la agricultura orgánica se lleva a cabo en gran escala (agricultura orgánica comunitaria), los productos cultivados orgánicamente se venderán localmente dentro de la misma comunidad. Esto puede reducir la huella de carbono de toda la comunidad, lo que beneficia al medio ambiente.

Resistente a las Plagas

Puede tener la noción de que las plantas cultivadas orgánicamente son más vulnerables a las enfermedades y plagas, ya que no se utilizan pesticidas ni productos químicos, pero ocurre lo contrario. Las verduras y frutas cultivadas orgánicamente son más resistentes a las plagas y enfermedades. Dado que estas plantas tienen suficiente tiempo para desarrollarse y crecer, desarrollan una resistencia inherente a ciertas enfermedades de forma natural. Las plantas se cultivan en un suelo rico en nutrientes, lo que permite que la planta sea mucho más saludable, aumentando sus posibilidades de sobrevivir a infestaciones y enfermedades.

Agricultura Orgánica y Desarrollo Sostenible

En un estudio realizado por la Universidad de Columbia de Nueva York, se constató que los sistemas de producción de alimentos y las cadenas de suministro eran uno de los mayores contribuyentes a la degradación del medio ambiente.

La producción, el transporte y el consumo de alimentos en un planeta tan grande como el nuestro, con más de siete mil millones de personas, es un proceso que consume grandes cantidades de carbono. Las actividades agrícolas representan hasta un tercio de las emisiones mundiales de gases de efecto invernadero (GEI), principalmente debido al proceso de conversión de la tierra y la pérdida de la cubierta forestal.

Con la previsión de que la producción mundial de alimentos se duplique para el año 2050, las cosas se ven sombrías. La actual crisis del cambio climático nos obliga a mirar más allá de los sistemas convencionales de producción de alimentos y a idear formas más sostenibles de alimentar a la población humana.

La agricultura orgánica adopta enfoques naturales y el uso de fertilizantes y estiércol orgánicos, la rotación de cultivos y otras prácticas sostenibles. Esto reduce la exposición de los cultivadores y consumidores a productos químicos que son perjudiciales para ellos y también para el medio ambiente. Cuando se utilizan sin control, los plaguicidas y los fertilizantes pueden crear una gran cantidad de problemas ambientales. Estos plaguicidas pueden envenenar el suelo y matar organismos no objetivos como gusanos, aves, roedores y peces. Organismos como las abejas y las algas, que son importantes desde el punto de vista ecológico, también pueden resultar perjudicados por las prácticas agrícolas no sostenibles.

Los plaguicidas y los fertilizantes también contaminan el suelo y el nivel freático (aguas subterráneas). En un estudio realizado por el Servicio Geológico de los Estados Unidos se comprobó que más del 90% del agua y de las muestras de peces que se recogieron estaban contaminadas por plaguicidas. Los fertilizantes que se filtran en las fuentes de agua (arroyos, acuíferos) pueden causar eutrofización o floraciones de algas. Estas algas se apropian de recursos como el oxígeno y el nitrógeno, creando zonas muertas con bajo contenido de oxígeno. Estas zonas muertas pueden matar la vida marina y perturbar el ecosistema. Dado que la jardinería orgánica no implica el uso de estos pesticidas y fertilizantes dañinos, se convierte en una forma de agricultura muy sostenible en muchos aspectos. Los jardines orgánicos tienden a tener un suelo más rico en nutrientes y más fértil, y estos jardines también consumen menos energía, reduciendo así la huella de carbono. Los estudios de investigación han demostrado que las granjas orgánicas utilizan un 45% menos de energía en comparación con las granjas convencionales. Sus emisiones de carbono son un 40% más baja que las de las granjas tradicionales, y estos jardines orgánicos fomentan un 30% más de biodiversidad, en comparación con los jardines agrícolas convencionales.

Inconvenientes de la Agricultura Ecológica

Dicho esto, la agricultura orgánica tiene sus inconvenientes y podría no resultar sostenible en ciertos casos. Por ejemplo, una forma popular de control de plagas sin el uso de plaguicidas químicos es la colocación de láminas de lona negra o plástico sobre el suelo que rodea los cultivos. La cubierta calienta el suelo y acelera el crecimiento de las plantas al tiempo que evita la erosión del suelo.

La lona negra también permite el uso de la irrigación por goteo, que permite que el agua gotee lentamente en la raíz de las plantas, ahorrando así agua. Sin embargo, el único gran inconveniente de esto es la gran cantidad de residuos plásticos que se crean, especialmente si la agricultura se realiza a gran escala. Esto se soluciona parcialmente con la introducción de plástico biodegradable, que proporciona una alternativa más sostenible. El problema aún no está completamente resuelto porque estos plásticos biodegradables contienen petróleo, lo que podría representar un conjunto de problemas para el medio ambiente.

Como la agricultura orgánica no permite el uso de pesticidas y fertilizantes sintéticos, el rendimiento de los cultivos es un 25% menor en comparación con las técnicas agrícolas convencionales. En su lugar, las prácticas de agricultura orgánica se basan en actividades como la labranza (pasar cuchillas por el suelo para matar las malas hierbas y la vegetación no deseada). Estas actividades pueden causar una pérdida gradual de la capa superior del suelo, reduciendo la fertilidad y disminuyendo los rendimientos.

En un mundo que tiene una población en crecimiento exponencial y una tierra cultivable finita, la optimización de los recursos de que disponemos es esencial para la continuidad de la vida en la Tierra y la civilización humana. La agricultura orgánica en mayor escala también exige una mayor demanda de tierras agrícolas, un incentivo para la deforestación y la pérdida de hábitat para la vida silvestre y la fauna local. Esto puede amenazar la biodiversidad de la región y aumentar la huella de carbono global.

El hecho de que algo sea etiquetado como "orgánico" no significa necesariamente que sea mejor o más sostenible. La agricultura orgánica no funciona de la noche a la mañana; requiere una transición lenta con la sustitución sistemática de las prácticas agrícolas convencionales por otras sostenibles. Por ejemplo, la obtención de la certificación necesaria de las autoridades locales puede ser un proceso muy burocrático y extremadamente costoso en términos de dinero. Estos permisos están diseñados para actuar como barreras para los pequeños agricultores orgánicos y promover el uso de fertilizantes y plaguicidas basados en productos químicos sintéticos. Las autoridades sanitarias locales y otros órganos rectores también ordenan que los alimentos se envuelvan en plástico, lo que va en contra de las prácticas agrícolas orgánicas.

Capítulo Seis: Gallinas, Abejas y Ganado

Crear su propio suministro de alimentos es una de las mejores cosas que puede hacer por sí mismo. Si usted está planeando depender de sí mismo para obtener su suministro de alimentos, encontrará algunas sugerencias útiles, y puede utilizar esta información para decidir qué animales son los adecuados para usted.

Solo tenga en cuenta que, si está buscando producir carne y productos lácteos para vender, necesitará una licencia, y su granja/hogar también debe cumplir con los requisitos del departamento local de salud y sanidad. Dependiendo de la cantidad de tierra/espacio que tenga a su disposición, puede criar un número de animales diferentes con el fin de satisfacer sus necesidades de alimentos. Algunos de los animales comunes de granja que puede criar son pollos, abejas, cabras, ovejas, pavos, conejos y patos.

Gallinas

Las gallinas son el mejor punto de partida para criar animales en una pequeña granja o patio trasero por la facilidad con la que se pueden criar. Son pequeñas, resistentes y muy fáciles de cuidar en términos de esfuerzo y atención requerida. Incluso el montaje inicial no cuesta mucho, así que no hará una gran mella en su cartera. El requerimiento de huevos de una familia puede ser fácilmente satisfecho criando una pequeña bandada de gallinas. Dependiendo de cuántas gallinas haya en una bandada, se pueden conseguir entre cinco y diez huevos al día, que a veces es más de lo que se necesita. De hecho, una bandada de dos o tres docenas de gallinas puede generar fácilmente suficientes huevos para que alguien comience un pequeño negocio de huevos.

Las gallinas son también una de las mejores formas de deshacerse de los restos de comida y las sobras orgánicas. Comen estos restos de comida y producen un excelente abono/compostaje junto con sus excrementos y la cama de los pollos. La cama puede ser usada para fertilizar las plantas y mejorar el rendimiento de su huerto. La única desventaja de criar gallinas es la cena gratis de pollo que puede dejar para cualquier depredador que se encuentre en el lugar. Ya que los pollos son indefensos y fácilmente sacrificables, es necesario crear recintos seguros y mantenerlos protegidos para evitar cualquier pérdida.

Criar gallinas es una excelente actividad si tiene mucho tiempo libre a su disposición. Puede ser terapéutico, divertido y gratificante para los principiantes y, a veces, puede resultar incluso angustioso. Internet puede proporcionar toneladas de información para criar pollos y gallinas. Clasificar esta información a veces puede resultar difícil. Puede ser difícil determinar lo que es correcto y lo que no, pero este libro le ayudará con esa información.

Elegir el Tipo de Gallina Correcta

Con el advenimiento de los avances científicos y las mejoras en los métodos de cría, ahora tenemos una impresionante variedad de pollos para elegir. Hay cientos de diferentes razas de pollos, y aunque algunas de ellas pueden parecer indiscernibles entre sí, cada raza es ligeramente diferente. Por ejemplo, ciertos tipos pueden poner más huevos en promedio, algunas de ellas producen carne de mayor calidad, y algunas de ellas pueden caracterizarse por su distintivo plumaje. Hay cuatro categorías diferentes de gallinas:

Tipo de Crianza

Una gallina de crianza se define como un pollo de cría natural que tiene una tasa de crecimiento lento y una larga vida útil. Las gallinas que pertenecen a este tipo viven una larga y productiva vida al aire libre.

Tipo Productora de Huevos

Este tipo de gallinas se crían específicamente con el propósito de producir un gran número de huevos a través de una corta vida de producción. Las Leghorns y las Australorps son las mejores razas de puesta de huevos.

Tipos de Doble Propósito

Este tipo de gallinas tienen las mejores cualidades del tipo ponedor de huevos y del tipo productor de carne. Son altamente productivas y pueden producir un gran número de huevos, y también pueden crecer lo suficiente como para producir una cantidad significativa de carne en las últimas etapas de su vida.

Tipos de Carne

Como su nombre lo indica, este tipo de pollos se crían específicamente para producir carne. Tienen una vida más corta y pueden crecer muy rápidamente. Ganan peso corporal a un ritmo muy rápido y son lo suficientemente grandes para ser sacrificados después de aproximadamente nueve o diez semanas.

Cuando se trata de elegir un tipo, hay que considerar qué es lo que se quiere obtener de su bandada. Por ejemplo, si quiere conseguir muchos huevos, entonces comprar un montón de pollos Sultán—una raza de crianza—puede hacer que se lleve una decepción.

¿Cuántas Gallinas Puedo Tener?

Las gallinas son aves que viven en bandadas, así que debería empezar con dos o tres gallinas si es la primera vez que los cría. Una gallina adulta pone dos o tres huevos cada tres días, así que usted tendrá un suministro constante de huevos si comienza con dos o tres aves. Las gallinas tienen la mayor productividad en los primeros dos o tres años de su vida, y la capacidad de poner huevos se reduce gradualmente después de eso. Tendrá que considerar reemplazar su bandada con nuevas aves eventualmente. Puede comprar nuevos pollos a los proveedores, o si quiere hacer las cosas más interesantes, incluso puede incubar sus huevos si tiene un gallo en su bandada. Sin embargo, esto tiene una tasa de éxito bastante baja, por lo que no recomiendo hacer esto, especialmente si no tiene experiencia previa.

¿Cuánto Espacio Requieren las Gallinas?

Esto dependerá de la cantidad de gallinas y de la raza que esté criando. Un experimento llevado a cabo por la Universidad de Missouri Extension encontró que un pollo de tamaño mediano requiere al menos tres pies cuadrados de espacio en el interior del gallinero, y de ocho a diez pies cuadrados de espacio en el exterior. Su bandada de gallinas será más saludable y feliz si tienen más espacio, y la producción de carne y huevos será mayor. El hacinamiento y la falta de espacio contribuyen a la caída de las plumas y a la propagación de enfermedades.

Un pollo necesita espacio para desplegar sus alas, por lo que necesitará un espacio considerablemente grande si está buscando criar pollos. Esto le permitirá pasar suficiente tiempo al aire libre, tomando baños de barro y alimentándose de gusanos e insectos. Como las gallinas son criaturas pequeñas e indefensas, es necesario crear recintos seguros para evitar que sean presas de los depredadores (estos depredadores incluyen no solo a los animales salvajes, sino también a sus mascotas, como perros y gatos). Puede agregar el gallinero a su lista de equipo necesario.

Costo de la Operación

Una gran parte del costo de producción incluye el costo inicial de los materiales que se requieren para construir el gallinero y un corral de pollos de un promedio de 20 x 5 pies cuadrados. Las materias primas que se requieren incluyen madera, alambres para las cercas de los pollos, y otras herramientas. Todo esto puede suponer un coste de unos pocos dólares, pero con el tiempo se llegará a un punto de equilibrio y se compensará el coste de producción, cuando disminuyan los gastos en carne y huevos. Si no tiene experiencia en el trabajo de construcción, también tendrá que contratar a alguien que lo haga por usted. En general, el costo inicial promedio puede variar entre 500 y 700 dólares, dependiendo del tamaño de su bandada y del gallinero.

Gallinas y Jardinería

Aunque las gallinas se crían principalmente para producir huevos o para proveer carne, también son una de las jardineras más útiles. Sí, las gallinas son extremadamente beneficiosas para su jardín. Después de la temporada de cultivo, permita que sus pollos entren a su jardín, y ellos harán el trabajo por usted. Engullirán cualquier insecto o plaga que esté en el suelo y arrancarán las malas hierbas no deseadas. Cavarán a través de la capa superior del suelo y consumirán cualquier vegetal dañado que pueda permanecer en el suelo. Recogerán los restos de cualquier vegetal sobrante como las zanahorias, tallos de brócoli, acelgas y coles. Después de que estén listos, rascarán la capa superior del suelo y la mezclarán en el proceso.

Las gallinas no solo son una fuente de carne y huevos, sino que también producen estiércol de buena calidad en forma de cama de pollo, y se puede recoger hasta un pie cúbico de estiércol de una sola ave. La cama de pollo sirve como un buen fertilizante natural, y puede ser fácilmente compostada, envejecida y añadida a su jardín de vegetales o hierbas.

Mientras limpia el gallinero, puede recoger y apilar la cama de las gallinas y cualquier material de cama orgánica que utilice. El mejor estiércol se obtiene manteniendo una proporción de dos partes de lecho de pollo por una parte de material de cama. Para que el abono sea más rico en nutrientes, también puede añadir restos de verduras, frutas, ramitas, hojas y papel triturado. Añada una pequeña cantidad de agua para facilitar la descomposición de su mezcla de abono. Remojando la pila de abono y revolviéndola regularmente para añadir aire, obtendrá una buena mezcla de estiércol, para erradicar cualquier bacteria no deseada, mantenga una temperatura entre 130 grados Fahrenheit y 150 grados Fahrenheit.

Abejas

Si tiene un pequeño patio o un jardín, puede criar abejas y convertirse en apicultor. Criar abejas requiere la misma cantidad de esfuerzo y tiempo que se necesita para cultivar vegetales o hierbas en su huerto. Lo mejor de la apicultura es que las abejas ayudan a que crezcan y proliferen los vegetales, las flores y cualquier otra planta del jardín. Su participación activa en la polinización de las plantas las hace un activo muy valioso en la jardinería.

Sin embargo, la finalidad de la apicultura es obtener la deliciosa miel que producen. La miel es uno de los raros productos alimenticios que nunca perece o se estropea. Con la actual crisis apícola y el drástico descenso de su población, la apicultura también le dará una sensación de satisfacción, cuando ayude a este polinizador crítico en un momento de crisis. Hay una serie de cosas que usted necesita investigar antes de convertirse en un apicultor de jardín, pero no se sienta abrumado; cuidar de las abejas no es diferente de cuidar de cualquier otro animal, como los pollos o las llamas.

Como principiante, un jardín trasero es un buen lugar para empezar, pero, ya que está la cuestión de la seguridad, no dé por sentado la presencia de las abejas, la zonificación, los vecinos y su familia. Asegúrese de comprobar si la autoridad de zonificación de su área local permite la apicultura. No quiere violar ninguna ley o reglas de zonificación porque puede terminar rompiéndolas si no es consciente de lo que está haciendo.

Obtener un Lugar para la Colmena

Sus colmenas deben estar alejadas del suelo para evitar que cualquier insecto indeseado y otras criaturas entren en la colmena y la contaminen. Puede comprar una colmena prefabricada, o incluso puede construirla usted mismo. Un panal de colmenas es típicamente fácil de construir y es bastante barato. La colmena debe estar a unos 30 cm del suelo para evitar que zorrillos, hormigas y otras criaturas no deseadas entren en la colmena. Cada colmena está espaciada por igual para proporcionar lugar para colocar las tapas y los recipientes de la miel. Esto permite examinar las colmenas más tarde en la temporada. Colocar los componentes de la colmena sin dejar espacio entre los soportes de la colmena y el suelo también es muy duro para la espalda, y levantarlos se convierte en algo mucho más difícil de lo necesario.

Protéjase a Usted Mismo

Una cosa importante a tener en cuenta en relación con la apicultura es la protección. Necesitará algún tipo de equipo de protección si no quiere ser picado por sus abejas. Puede usar un velo o un casco protector, que evita que las abejas sueltas se enreden en su pelo o le piquen la cara.

Un simple combo de sombrero y velo es lo que la mayoría de los apicultores prefieren usar, especialmente cuando hace calor y sol afuera, y no hay mucho trabajo sucio involucrado. Si le preocupa que le piquen en el cuerpo, puede usar una chaqueta ligera con un velo. Quiere mantenerse limpio y protegido mientras hace el trabajo habitual con las abejas, pero no necesariamente necesita un traje completo para mantenerse seguro. La mayoría de los velos apícolas se pueden abrir, y puede retirarlo si necesita tomar una copa o contestar el teléfono.

Si usted está haciendo un trabajo pesado con las abejas, un traje completo y guantes son esenciales. Si el clima no es perfecto, puede provocar la irritación de las abejas, que pueden ser más agresivas de lo que está acostumbrado. Si está trabajando en la oscuridad, tendrá que trabajar rápido. Tener un traje y guantes para las abejas le ayudará a trabajar rápida y eficientemente sin tener que preocuparse por ser picado. Si usted es un principiante y este es su primer intento de criar abejas, las primeras veces que tenga abejas caminando sobre sus dedos y manos podría distraerse, por lo que un traje para abejas le ayudará a facilitar el proceso. Si le resulta incómodo o le limita el movimiento, un velo y unos guantes son un buen punto de partida.

Consiga un Ahumador

Un "ahumador" es la herramienta más importante de un apicultor. Es un cilindro con un fuelle unido a él. Un fuego de combustión lenta se genera en el interior del cilindro. Se pueden usar agujas de pino, telas viejas, madera seca o combustible para ahumar producido comercialmente. El humo producido por esta llama de combustión lenta se expulsa al contraer el fuelle. El humo sale de la estrecha boquilla del ahumador y entra en la colmena, haciendo que las abejas salgan de las colmenas y busquen seguridad. Mientras las abejas están ocupadas, se puede recolectar la miel.

La apicultura tiene muchos beneficios ambientales, y también es una fuente de alimento. El acto de criar abejas no solo le da la recompensa de cosechar la miel, sino que también tiene un impacto muy positivo en el crecimiento de las verduras y frutas, especialmente si tiene un jardín. La miel es una de las sustancias más fascinantes que conocemos; está hecha de los néctares de diferentes flores, y nunca se vuelve vieja o rancia.

No solo es sabrosa, sino que también es muy beneficiosa para el cuerpo. Tiene propiedades antimicrobianas y antibacterianas, que la convierten en un gran remedio para las alergias. También se puede aplicar en quemaduras y heridas. La miel se utiliza en una variedad de productos para el cuidado de la piel como aceites de baño, champús y cremas. Las abejas también producen otras sustancias útiles como la jalea real, el propóleo y la cera de abejas. El propóleos o pegamento de abejas está hecho de las resinas pegajosas que se encuentran en los árboles. La sustancia se encuentra entre las entradas de las colmenas. La jalea real es el alimento de la reina de la colmena. Tiene poderosas propiedades antibacterianas, y también se considera un súper alimento, ya que contiene enzimas, ácidos grasos, aminoácidos, vitaminas, minerales quelados y polifenoles.

La gran variedad de productos que puede ofrecer una colmena de abejas la convierte en la mejor opción de ganado para criar en casa. Teniendo en cuenta la actual crisis de la población de abejas y la drástica disminución de su población, así como su importancia en el ecosistema, tratar de aumentar su número proporcionándoles un refugio seguro ayudará al medio ambiente a largo plazo.

Ganadería

Para criar ganado en casa, tiene un número limitado de opciones si tiene espacio limitado. Las cabras son una forma conveniente de criar ganado con espacio limitado, pero su necesidad de pastar requiere una cantidad adecuada de hierba, y algunas buenas cercas. Antes de comprar una cabra, piense para qué la está criando, para leche o carne.

Además de la nutritiva leche de cabra, también puede hacer queso, mantequilla y otros productos lácteos con la leche rica en grasa. La vida media de una cabra oscila entre quince y dieciocho años, y una vez eliminado el peligro de la depredación, una cabra puede mantener una alta producción de lácteos durante un largo período de tiempo.

Las cabras no requieren mucho trabajo en cuanto a su cuidado; todo lo que hay que hacer es mantenerlas secas, libres de enfermedades y garrapatas, y bien alimentadas. Una pequeña jaula de tres lados con un techo es suficiente para un clima estándar. Puede utilizar tierra o heno acolchado para crear el suelo de la casa de las cabras y mantenerlas calientes y secas. Como el heno también es parte de la dieta de una cabra, deberá reemplazarlo periódicamente. Lo importante es recordar la valla; las cabras necesitan un cercado muy resistente para que no se trepen a él.

Los cerdos son una buena fuente de carne, y aunque su naturaleza dócil los hace muy fáciles de criar, no está permitido criarlos en ciudades o áreas urbanas. Si vive en un lugar rural, puede criar unos cuantos cerdos en un pequeño trozo de tierra. Necesita un corral donde puedan refugiarse; puede usar heno para aislar el suelo y hacer un arreglo de cama seca. Los cerdos requieren mucha comida en forma de proteínas y vegetales. El problema que surge cuando se crían cerdos para la carne es la carnicería. Como la mayoría de la gente no tiene acceso al equipo, la única opción es llevarlo a un matadero y obtener la carne.

Capítulo Siete: Tratamiento de Plagas y Enfermedades de las Plantas

Imagínese saliendo una mañana de verano y entrando en su jardín orgánico, esperando encontrar las plantas fuertes y saludables que estaba atendiendo el día anterior, solo para encontrar los signos aparentes de una plaga en las plantas. Las plantas que usted atendía con tanto cuidado y amor, aparentemente se marchitaron durante la noche, y parece que algo las está carcomiendo. Esa podría ser fácilmente la peor pesadilla de cualquier jardinero u horticultor. Como un agricultor/jardinero orgánico que depende de sí mismo para cultivar vegetales y frutas, puede ser una de las experiencias más devastadoras. Puede ser que usted haya pensado en usar plaguicidas, pero ¿cómo afectaría eso a la salud de su familia? ¿Qué pasa con el suelo o el agua subterránea? ¿Cómo los afectarán estos productos químicos? Y la pregunta más importante es: ¿Quiere saber la respuesta a esa pregunta? A ningún jardinero le gusta ver cómo las plagas o enfermedades causan estragos en un jardín que funciona con productos sanos y orgánicos. Afortunadamente, hay varias maneras de mantener a estos visitantes no deseados lejos de sus plantas. Puede prevenir y controlar diferentes plagas y enfermedades del jardín a través de medidas naturales y artificiales. Puede haber algún tipo de plaguicidas que son fuertes y perjudiciales para los bichos y bacterias beneficiosas que ayudan a sus plantas manteniendo el suelo fértil, asegúrese de controlar su uso. Ahora vamos a echar un vistazo a algunas de las plagas de jardín comunes y las diferentes maneras de tratar con ellas de forma natural.

Pulgones

Los pulgones son insectos diminutos, con forma de pera y cuerpos blandos; son de color verde, gris, rosa, amarillo y negro. Los pulgones tienen largas antenas y dos pequeños tubos de alimentación que se proyectan hacia atrás desde su abdomen. Algunos áfidos también pueden tener alas transparentes que se doblan sobre su espalda, permitiéndoles volar. Se pueden encontrar en la mayoría de las verduras, frutas y flores de todo el mundo. Los pulgones se reproducen rápidamente, y pueden tomar el control de las plantas muy rápidamente. Como normalmente se congregan y anidan en la parte inferior de las flores y hojas de las frutas y verduras, pueden ser muy difíciles de detectar hasta que se convierten en una amenaza demasiado grande y representan un verdadero problema. Los productos infestados por pulgones pueden ser fácilmente localizados por hojas rizadas, tallos pegajosos y manchas amarillentas.

Algunos métodos fáciles de controlar los pulgones son:

• Lavar el producto con un fuerte rocío de agua. Un buen lavado puede eliminar cualquier residuo de huevos o pequeños bichos que puedan quedar en las verduras o frutas que se cosechan.

• Permita que los depredadores nativos como las mariquitas y las crisopas proliferen en su jardín. Las mariquitas pueden defender sus plantas contra los pulgones. Si pone una ortiga de mariquita (un grupo de huevos de mariquita) en su jardín, la población de mariquitas resultante puede comer hasta 5000 pulgones cada año, y continuarán reproduciéndose y protegiendo su jardín durante mucho tiempo.

- Si es posible, construya una cubierta de hilera flotante para su jardín orgánico. Estos recintos semipermeables permiten que la luz solar y el aire interactúen con las plantas, pero los pulgones y otras pequeñas plagas se mantienen fuera.

Remedios Caseros

Aquí hay algunos remedios naturales que han demostrado ser eficaces para controlar las poblaciones de pulgones en un jardín.

- Rocíe un poco de jugo de ajo o agua con infusión de pimienta picante en sus plantas para evitar que los pulgones lo infesten. Para infestaciones severas, se puede rociar aceite vegetal, aceite de neem o jabón insecticida como repelente. Solo asegúrese de lavar el producto después de cosecharlo.

- Añada una cucharada de cáscara de naranja o limón rallada a un litro de agua hirviendo. Deje que la solución descanse durante la noche y cuélela usando un tamiz o filtro. Vierta la solución filtrada en un atomizador y rocíela sobre la superficie de las hojas. Asegúrese de que las hojas estén saturadas con la solución por ambos lados. Vuelva a aplicar la solución cada siete días o según sea necesario para evitar la aparición de pulgones.

- Tome una taza de agua y añada una cucharadita de líquido para lavar platos y una cucharadita de aceite vegetal. Rocíe sus plantas con esta solución, asegurándose de que ambos lados de las hojas estén empapados con la solución. Después de dos o tres horas, enjuague sus plantas con una lata o una manguera de jardinería. Repita el proceso cada pocos días.

Escarabajos

Varias especies de escarabajos se alimentan de materia vegetal y pueden infestar su jardín orgánico. Los escarabajos se pueden encontrar en las hojas de las verduras, patatas, tomates, berenjenas, pimientos y flores. Estas criaturas defolian las plantas, matando a las plantas más jóvenes y reduciendo el rendimiento de las que sobreviven. Algunos de los tipos comunes de escarabajos, que pueden infestar y diezmar las plantas son los escarabajos pulga, gorgojos de la vid, escarabajos de la patata de Colorado, escarabajos de los espárragos, escarabajos de la judía mexicana y escarabajos japoneses. Lo bueno de una infestación de escarabajos es que es mucho más fácil de detectar, a diferencia de las moscas blancas y los pulgones.

Algunos remedios fáciles para controlar los escarabajos son:

• Construya cubiertas de filas flotantes para su jardín. Estas hojas semipermeables mantienen a los escarabajos a raya mientras permiten que la planta reciba luz solar y oxígeno.

• El uso del mantillo, como el mantillo de paja profunda, puede ayudar a evitar que los insectos y otras criaturas del jardín infesten sus preciosas verduras y frutas. No solo sirve como una forma de control de plagas, sino que también ayuda a retener la humedad y a cortar las malas hierbas y las plantas de semillero no deseadas.

• Muchos bichos son fáciles de detectar y se pueden eliminar a mano. Solo asegúrese de tener puestos los guantes de jardinería para no ser picado. Algunos bichos pueden causarle desagradables erupciones en la piel, así que asegúrese de que su piel esté protegida.

• Atractivas especies de depredadores nativos como las mariquitas y las crisopas también pueden ayudar a reducir la población de escarabajos.

Remedios Caseros

• Una forma natural de deshacerse de los escarabajos de sus plantas es usando un cubo de agua jabonosa. Puede verter la solución en las plantas y enjuagarlas después de media hora. Verter agua jabonosa sobre las plantas infestadas puede ayudar a controlar la infestación. Tomando un enfoque práctico, puede recoger a mano los escarabajos de las hojas y tallos y dejarlos caer en el cubo de agua.

• Si el agua jabonosa no funciona y usted continúa viendo escarabajos después de aplicar la solución jabonosa, puede tratar de rociar con una solución de aceite de neem en sus plantas en su lugar. Los aerosoles y soluciones a base de aceite de neem se obtienen de las semillas de los frutos de la planta de neem. Como es un pesticida orgánico, solo se dirige a los bichos sin matar a ningún organismo útil y sin contaminar el suelo o el suministro de agua.

Caracoles

Los caracoles y las babosas se encuentran en ambientes húmedos y oscuros. Los caracoles pueden ser una de las plagas más destructivas que un jardinero teme encontrar en su jardín. Aunque se mueven lentamente, trabajan continuamente durante la noche para trepar por las plantas y comerse los brotes y hojas tiernas. Si su jardín está infestado de caracoles, se encontrará con senderos brillantes y viscosos en las piedras y otras superficies duras.

Remedios Caseros

● Puede hacer que su jardín sea menos atractivo para los caracoles y las babosas siendo más vigilante y eliminando cualquier hierba y maleza innecesaria. Regar las plantas por la mañana en lugar de hacerlo por la noche puede reducir las posibilidades de infestaciones de caracoles.

● La forma más simple de deshacerse de los caracoles y babosas es colocando unas cuantas tablas de madera en su huerto. Los caracoles y las babosas se refugian bajo las tablas de madera durante la noche. Por la mañana, retire las tablas de madera y raspe los caracoles y babosas en un basurero. Asegúrese de atar bien la bolsa y deshágase de ella después.

● Un método astuto para deshacerse de los caracoles y babosas es atraparlos usando trampas caseras hechas de frascos de vidrio que contienen unas pocas cucharadas de harina de maíz. Coloque el frasco abierto de lado en su jardín durante la noche. Por la mañana, encontrará caracoles y babosas muertas que están atascados dentro del frasco. Repita el proceso hasta que se deshaga de todas las plagas.

● Una forma similar de deshacerse de los caracoles y babosas es usando la cerveza. Llene latas o tazones vacíos hasta el borde con cerveza y déjelos en su jardín durante la noche. Los caracoles y las babosas son atraídos por la cerveza, y se arrastrarán y caerán en los contenedores, ahogándose y muriendo. Puede tirar las criaturas muertas por la mañana y repetir el proceso cuando quiera.

• Si usted está cultivando sus plantas en macetas, una manera sencilla de evitar las infestaciones de caracoles y babosas es frotar vaselina en el borde y la superficie de la maceta. Los caracoles no pueden subir a las macetas debido a la superficie resbaladiza, y sus plantas permanecerán ilesas.

Ácaros

Los ácaros o los ácaros araña roja pueden dañar las hojas verdes, formando manchas ligeramente moteadas. Las hojas de las plantas infestadas de ácaros se enroscan y desarrollan una sombra amarilla. También puede encontrar algunas pequeñas telarañas en sus plantas. Para identificar una infestación de ácaros, tome una hoja y sosténgala sobre un papel blanco y dele un golpecito. Puedes ver pequeños ácaros en el papel usando una lupa.

Remedios caseros

• Añada tres cucharadas de jabón líquido para lavar platos en un galón de agua y mézclelos bien. Use la solución para remojar bien las plantas y déjela durante unas horas. Enjuague las plantas con su manguera de jardín después. Repita el proceso después de cada semana para mantener alejados a los ácaros.

• Otro método orgánico fácil para controlar las infestaciones de ácaros es con una solución de alcohol. Mezcle dos partes de agua con una parte de alcohol y rocíe la solución en las plantas infestadas de ácaros. Debe hacerlo por la noche para que el alcohol se haya evaporado antes de la mañana.

Tijeretas

Las tijeretas también se conocen como bichos pinchadores. Se alimentan de materia vegetal en descomposición y de hojas húmedas o en descomposición. Pueden infestar su jardín e incluso llegar a la casa durante el verano y la temporada de monzones.

Remedios Caseros

• La forma más fácil de deshacerse de las tijeretas es colocando rollos de papel periódico mojado en y alrededor de su huerto durante la noche. Las tijeretas son criaturas nocturnas y son más activas durante la noche. Se arrastrarán dentro del papel húmedo, y usted puede deshacerse de ellas a la mañana siguiente. Deseche cuidadosamente el periódico enrollado en una bolsa de basura y deshágase de ellos tan pronto como pueda.

Hormigas

Las hormigas son más frecuentes en las regiones más cálidas, y pueden aparecer por cientos durante la noche en interiores y exteriores. Un remedio seguro para evitar que las hormigas infesten los armarios de la cocina es espolvorear canela en polvo, pimiento rojo, menta seca o pimentón. Espolvoréelos a lo largo de los caminos donde normalmente se encuentran las hormigas.

Remedios Caseros

• Si se encuentra con una colonia de hormigas en su jardín, puede verter agua hirviendo en la entrada de la colonia durante la mañana. Todas las hormigas no permanecen dentro del nido todo el día, y puede que no se deshaga de todas ellas si lo hace durante el día.

• Rociar pequeñas cantidades de vinagre blanco alrededor de los tallos de las plantas infestadas por las hormigas.

• Rociar una pizca de harina de maíz o azúcar común cerca de las entradas de la colonia de hormigas, las hormigas son atraídas por el azúcar y la harina de maíz, y no solo la comen, sino que también la traen de vuelta dentro de la colonia para que las otras hormigas la coman. Unir el azúcar con un insecticida puede servir para ello. La harina de maíz se expande naturalmente dentro de su estómago después de ingerirla, así que no es necesario envenenarla.

Saltamontes

Los saltamontes se encuentran en estaciones específicas del año, específicamente en los meses de primavera y en la estación del monzón. Devoran las hojas y flores en crecimiento y pueden hacer mucho daño a su jardín orgánico. Como estos insectos son más grandes que la mayoría de las plagas, controlar las infestaciones de saltamontes puede ser muy difícil.

Remedios Caseros

• La mejor opción es rociar sus plantas con una solución de ajo. Puede aplastar dos cabezas de ajo y mezclarlas en diez tazas de agua. Caliente la solución y déjela reposar durante un día. Remueva el residuo usando un colador. Mezcle la solución con tres partes de agua y póngala en un atomizador. Rocíe la solución de agua de ajo en ambos lados de las hojas y los tallos para evitar que los saltamontes devoren sus sabrosos productos.

• El cultivo de vegetales como el meliloto, la caléndula y el cilantro puede ayudar a controlar la población de saltamontes. El olor de estas plantas actúa como un repelente contra los saltamontes.

Gusanos Córneos del Tomate

Como su nombre lo indica, los gusanos córneos son gusanos de tres o cuatro pulgadas que se dan un festín con los tomates. También se pueden encontrar en jardines que tienen berenjenas, pimientos y patatas. Son de color verde, y pueden ser fáciles de pasar por alto en la vegetación, pero pueden causar mucho daño a su jardín.

Remedios Caseros

• Estos gusanos son resistentes a la mayoría de los pesticidas orgánicos, por lo que la mejor manera de deshacerse de ellos es quitándolos a mano y ahogándolos en un cubo de agua jabonosa. El uso de productos químicos e insecticidas más fuertes puede ayudarle a deshacerse de los gusanos, pero también matan a los organismos que son beneficiosos para su jardín.

• Si nota algún gusano córneo con manchas blancas, puede dejarlo en paz. Las manchas blancas son sacos de huevos de avispa, y eventualmente eclosionarán y atacarán al huésped, resolviendo su problema de plagas por usted.

Insectos Escama

Los insectos escama son plagas que se encuentran comúnmente en los climas cálidos y secos; son muy pequeños en tamaño y aparecen como pequeños bultos de color naranja o de color óxido. Algunas especies de escama también son capaces de segregar melaza pegajosa, lo que hace que las plantas sean más vulnerables a las infecciones y enfermedades por hongos. Una infestación de escamas hace que las hojas de una planta se vuelvan amarillas, se marchiten y se caigan. Si no se toman medidas, pueden matar a toda la planta.

Remedios Caseros

• Los insectos escama son incapaces de volar, así que, si se encuentra unos pocos en una hoja de lechuga, puede simplemente deshacerse de la parte afectada y utilizar el resto.

• Si no se ha detectado la infestación lo suficientemente pronto y los bichos se han apoderado de las plantas, se pueden utilizar aerosoles de aceite de neem. Corte las partes de las plantas que se han vuelto amarillas. Si las infestaciones de insectos escama son frecuentes, puede usar aerosoles de cera de pimienta caliente para evitar que vuelvan.

• Puede hacer su spray de pimienta en casa. Picar cinco o seis pimientos picantes y mezclarlos con una cucharada de hoja de pimienta junto con medio galón de agua. Caliente la mezcla y póngala a hervir durante quince minutos. Deje enfriar la mezcla y déjela reposar toda la noche. Colar con un paño de muselina o un filtro de café, y añadir a la solución una cucharada de jabón para lavar platos.

Rocíe la solución sobre las plantas infestadas de bichos cada cinco días, y verá que su número disminuye.

- Tome cuatro cebollas, dos cucharadas de pimienta de cayena, dos dientes de ajo y un cuarto de agua y haga una mezcla con una licuadora. Tome la mezcla y agréguela a dos galones de agua junto con dos cucharadas de detergente. Sacuda bien la mezcla y rocíela sobre sus plantas.

- Para bichos más grandes, puede hacer una mezcla usando ajo machacado, una taza de aceite de canola, unas pocas cucharadas de polvo de pimienta picante y un galón de agua. Rocíe la solución en sus plantas para deshacerse de los bichos más grandes del jardín.

Roedores y Topos

Las ratas, los topos, los ratones, los jerbos, las ardillas terrestres y otros roedores son plagas notorias. Pueden destrozar un jardín entero en unos pocos minutos. Envenenar a estas criaturas puede resultar problemático y éticamente cuestionable.

Remedios Caseros

- Cavar hoyos o "fosos" alrededor de su jardín es una buena manera de mantener a los roedores alejados de su jardín. También puede colocar trampas humanitarias para ratones cerca de la entrada de sus madrigueras. La mayoría de las veces puede encontrarlos en algún lugar cerca de su jardín. Recuerde usar más de una trampa porque estos roedores suelen vivir en pequeños grupos. Puede reubicar a estos roedores después de haberlos atrapado dejándolos salir cerca de los bosques. Esta es una forma más humana de deshacerse de ellos, en lugar de envenenarlos usando pesticidas e insecticidas.

- Si el grado de infestación de roedores en su granja orgánica es demasiado severo, causando daños a muchas plantas, puede considerar la posibilidad de conseguir perros. Razas especiales de perros como sabuesos, basset hounds, Jack Russell terrier, dachshunds y mastines son criados para la caza. Las razas más pequeñas son cazadores eficientes, y pueden ser muy eficaces en el control de grandes infestaciones de roedores. Asegúrese de usar equipo de protección mientras caza roedores; toparse con una marmota rabiosa y ser mordido por ella solo conducirá a muchas inyecciones antirrábicas y a molestias personales.

- Una forma fácil de repeler marmotas y ratas es rociando sales de Epsom en sus plantas. Estas sales afectan el sabor de la planta y las hacen asquerosas y poco atractivas para las marmotas. Espolvorear sales de Epsom también enriquece el suelo y ayuda a las plantas a crecer mejor. Si no puede poner sus manos en las sales de Epsom, puede usar trapos empapados de amoníaco. Colóquelos a lo largo del perímetro de su jardín para crear una barrera de olor. Aunque esto puede mantener alejados a los roedores, la lluvia y el rocío eliminan el olor, por lo que es posible que deba reponerlo después de una semana.

- El uso de cubiertas de filas y la construcción de vallas son la única solución permanente contra los roedores y otras plagas que no son insectos. Usar cercas de alambre para gallinas puede ser una buena manera de mantener fuera a las ratas y topos de su jardín. Algunos roedores como las ardillas y las marmotas pueden trepar por encima de las vallas y debajo de los túneles. Asegúrese de que las vallas tengan al menos tres o cuatro pies de altura para mantener a estos molestos roedores fuera de su jardín.

Capítulo Ocho: Cómo Extender la Temporada de Crecimiento

Hay muchos factores que afectan al crecimiento y desarrollo de las plantas, y el clima es uno de los más importantes. Algunos lugares tienen condiciones perfectas para que las plantas crezcan y se desarrollen, mientras que otros tienen una temporada de crecimiento muy corta. Los lugares fríos como el norte de Rusia y Noruega tienen largos inviernos, y solo un puñado de plantas están listas para crecer y madurar antes de que el permahielo se establezca. Elegir las plantas que quiere cultivar, y escoger el momento adecuado para cultivarlas, puede hacer una gran diferencia. Hay mucho tiempo entre febrero y diciembre para cultivar lo que quiere.

Una buena manera de asegurarse de que usted obtiene el máximo rendimiento de sus plantas es ampliando su temporada de crecimiento. No se equivoque; el suelo necesita tomarse un tiempo libre y reponer sus nutrientes después de una cosecha, mientras que también le da un breve descanso para guardar las herramientas de jardinería. A veces puede resultar más beneficioso si se cosechan los cultivos antes de tiempo. Sin embargo, si usted es bendecido con condiciones climáticas un tanto normales, puede obtener más de su jardín orgánico extendiendo la temporada de su jardín. Aquí hay algunas maneras fáciles de extender su temporada de cultivo:

Reduzca la Exposición al Viento

Los vientos fuertes pueden ser un gran problema si está cultivando plantas en su jardín o si tiene su propia casa. Si las plantas de su jardín orgánico tienen que luchar constantemente contra las duras condiciones climáticas y los fuertes vientos, gastarán la mayor parte de su energía en sobrevivir a estas duras condiciones, en lugar de desarrollar sistemas de raíces saludables y producir productos sabrosos.

Proteja sus plantas de los vientos fuertes erigiendo vallas de madera o cubiertas de filas. Hacer un rompevientos natural plantando árboles y arbustos también puede ayudar a proteger sus plantas de los vientos fuertes. Si no le quedan otras opciones, compre una red cortavientos en Amazon y colóquela alrededor de su jardín. Su principal objetivo es reducir la velocidad del viento sin cortar completamente el flujo de aire y crear una calma total.

Si usted vive en un lugar donde predomina el viento, puede construir una valla en ese lado del jardín, y eso en sí mismo puede ser suficiente para evitar que sus plantas sean golpeadas por fuertes vientos. La construcción de una valla permanente o la construcción de una de madera pueden tomar mucho tiempo y recursos financieros. Usar vallas temporales de malla plástica y cubiertas de filas hechas de tela de jardín de polipropileno puede ser una solución alternativa. Las plántulas que se permiten crecer bajo un refugio o cubiertas pueden mostrar el doble de crecimiento que las plantas que crecen sin protección.

Calentando el Suelo

El uso de lechos de mantillo es una buena manera de mantener el suelo caliente y evitar la aparición del permahielo. Si ha utilizado mantillo en su jardín durante el invierno, asegúrese de retirarlo a principios de la primavera para que el suelo esté suficientemente expuesto a la luz solar y al aire. Puede aumentar la temperatura de la tierra de su jardín elevando los lechos del jardín. Otra forma conveniente de elevar la temperatura de la tierra es cubriendo la fría tierra de la primavera con una lona negra o cubiertas de plástico. Puede dejar las bolsas de plástico la mayor parte del tiempo, y solo necesita quitarlas antes de plantar sus arbolitos. Cubrir la tierra con cubiertas de plástico negro o mantillo puede permitir que las plantas amantes del calor como los melones y las bayas crezcan a un ritmo rápido. Cubrir la tierra también ayuda a mantener la temperatura del suelo constantemente caliente durante el otoño o el invierno. Esto puede prolongar la temporada de crecimiento y ayudar a que los cultivos como tomates, pimientos y quimbombó maduren completamente, dando a las plantas unas semanas adicionales para crecer.

Protección Contra las Heladas Usando Cubiertas para el Frío

Para muchos entusiastas de la jardinería orgánica, las heladas pueden ser un factor limitante durante el comienzo de la primavera y el invierno. En lugares más fríos, la temperatura puede bajar a treinta y dos grados Fahrenheit durante el otoño y principios de la primavera, lo que es suficiente para matar todas las plantas en una noche. Cubrir el suelo y las plantas con cubiertas de plástico, sábanas, cajas de cartón y mantas son buenas soluciones temporales.

Si busca una forma más permanente de lidiar con las heladas, debe considerar la compra de telas de jardín o cubiertas de filas. Debe estar familiarizado con las condiciones climáticas del lugar donde vive, por lo que debe estar preparado para proteger sus plantas cuando piense que podría producirse una helada. Puede comenzar por abastecerse de cajas de cartón y bolsas de supermercado. Si usted es partidario de reciclar, puede usar tarros de leche de un galón o cartones de embalaje usados. Corte la parte inferior de las cajas o jarras de cartón para hacer una cubierta barata y eficaz.

Como la mayoría de los envases vienen con tapas en la parte superior, usted puede desenroscarlas y abrirlas durante el día para liberar el exceso de calor. Si tiene plantones o arbolitos individuales que crecen en su jardín, puede utilizar bolsas de papel al revés y anclarlos en un lugar utilizando pequeños guijarros o piedras.

Las cubiertas de filas están disponibles en diferentes variedades y grosores para diferentes temperaturas. Las cubiertas para el frío y las cubiertas portátiles para invernaderos pueden ofrecer una muy buena protección contra las heladas y las temperaturas frías. Si se usan correctamente, pueden extender la temporada de cosecha de los cultivos hasta el invierno, lo que le permite obtener más rendimiento de su jardín orgánico. Incluso puede construir sus propias cubiertas y marcos fríos si tiene las herramientas a su disposición. Los marcos fríos no son más que cajas rectangulares poco profundas sin fondo y cubierta en la parte superior que por lo general está hecha de plástico transparente, vidrio o fibra de vidrio. Las paredes laterales pueden ser hechas usando madera o fardos de paja; lo único que debe recordar es que los lados deben estar inclinados para poder captar la luz del sol. Puede llenar el armazón frío con tierra o marga de jardín.

La mayoría de las verduras y plantas se vuelven inactivas a temperaturas muy bajas, así que asegúrese de levantar los marcos fríos durante el verano para que las verduras de la estación fría puedan crecer y estar listas para la cosecha durante el invierno o a principios de la primavera. Una vez que llegue el verano, puede convertir estos armazones fríos en camas calientes y cultivar frutas y verduras de verano durante los meses más cálidos.

Plantación Sucesiva

La plantación sucesiva es la mejor manera de extender la temporada de cultivo durante un período de tiempo. Un método común de plantación sucesiva es trasplantar las plántulas y sembrar semillas de la misma variedad simultáneamente. Los trasplantes se desarrollan y maduran antes que las plantas de siembra directa, lo que permite tener dos cosechas diferentes en la misma temporada de crecimiento.

Otro método eficaz de plantación sucesiva es volver a plantar semillas o trasplantes a intervalos periódicos. Por ejemplo, siembre rábanos y espinacas en una semana; siembre cebolletas, judías, verduras de ensalada y remolachas una vez cada dos semanas; y siembre plantas más grandes como calabazas y verduras después de cada mes. Como es imposible predecir correctamente los patrones climáticos, siga plantando las semillas hasta que dejen de brotar.

El tercer método de plantación sucesiva es sembrar semillas de diferentes variedades que maduran a diferentes ritmos. Por ejemplo, si se planta maíz y guisantes al mismo tiempo, la temporada de cosecha se extenderá debido a que las plantas maduran en diferentes períodos de tiempo. Plante zanahorias, verduras de ensalada y rábanos en la misma fila de su jardín para mantener un suministro constante de productos orgánicos que crecen en cualquier momento en su jardín. Puede mezclar dos variedades diferentes de semillas de lechuga y rábanos y plantar la mezcla cada dos semanas. Si tiene suficiente espacio en su jardín, puede obtener productos orgánicos de diferentes variedades para que le duren semanas. Con el tiempo, se dará cuenta de qué plantas crecen bien en qué estaciones, y podrá elegir las que crecen más rápido, aumentando aún más el rendimiento del jardín y extendiendo también la temporada de crecimiento.

Interplantación

La interplantación es la práctica de cultivar vegetales compatibles en una sola fila del jardín. Hay muchos beneficios en el trasplante. Le ayuda a extender la temporada de crecimiento plantando plantas de crecimiento rápido junto con las de crecimiento lento. Cuando las plantas de crecimiento lento se desarrollan y maduran, las de crecimiento rápido ya han madurado y se han cosechado, lo que permite que las plantas de crecimiento lento se desarrollen y crezcan completamente.

Otra forma en que la interplantación extiende la temporada de crecimiento es permitiéndole cultivar vegetales que normalmente requieren temperaturas frescas en los meses más calurosos de la primavera y el verano. La sombra que crean las hojas de las verduras más grandes como coles, maíz y otros cultivos altos mejora significativamente las condiciones de crecimiento de los cultivos de clima fresco como la lechuga y los rábanos.

La interplantación, similar a la plantación sucesiva, evita que las malezas y otra vegetación no deseada encuentren un punto de apoyo en su jardín, y esto posteriormente aumenta el rendimiento de su cosecha. La variación del medio ambiente y la química del suelo mediante la plantación de diferentes cultivos desalientan a las plagas comunes a adaptarse a las condiciones de su jardín. Como incentivo, si un cultivo falla o no funciona particularmente bien en una temporada, el cultivo interplantado todavía le permite cosechar algo de su jardín.

Rotación de Cultivos

La rotación de cultivos es la práctica de plantar dos vegetales o frutas diferentes de diferentes variedades/familias en diferentes parches de tierra en su jardín sin ninguna repetición. Dado que todas las plantas que pertenecen a una familia particular experimentan los mismos problemas durante su crecimiento, los cultivos que se cultivan en la rotación tendrán una menor tendencia a sufrir infestaciones de plagas, enfermedades y deficiencias del suelo. Por consiguiente, este método de cultivo puede producir una mayor producción durante un largo período, debido al menor agotamiento de los nutrientes del suelo. El uso de lechos de cobertura y espalderas resulta útil durante la rotación de cultivos porque lo único que queda por hacer es cambiar el mismo esquema de plantación rotacional de un lecho a otro. El cultivo de legumbres después de cada rotación sucesiva de cultivos es una buena manera de devolver el nitrógeno al suelo. Cuando se cultiva el mismo tipo de planta en la misma parcela del jardín, es probable que el suelo esté cansado y desprovisto de todos sus nutrientes. La rotación de cultivos no solo extiende la temporada de crecimiento, sino que también aumenta la vida útil de su jardín.

Regar Cuando Sea Necesario

Regar en exceso su jardín puede causar muchos problemas. Solo debe regar su jardín al nivel que sea suficiente para compensar la diferencia entre el nivel de precipitaciones y la cantidad de agua que sus plantas requieren. Si su jardín es fértil y está enriquecido con materia orgánica, el suelo es intrínsecamente capaz de retener y atrapar la mayor parte de la humedad que cae sobre él, eliminando la necesidad de que usted lo riegue. El mantillo es otra forma de asegurar que el suelo retenga la humedad, permitiendo que los sistemas de raíces crezcan y se desarrollen. El aumento de la humedad permite que las plantas crezcan incluso en épocas de clima moderadamente seco.

Muchos nuevos jardineros y entusiastas de la jardinería orgánica tienden a regar en exceso sus jardines. El exceso de agua puede desalentar a las raíces de aventurarse más profundamente en la tierra y hace que se peguen justo debajo de la capa superior del suelo. Como resultado, las plantas no tienen acceso a todos los nutrientes y minerales que necesitan. Las raíces regadas en exceso tienden a adaptarse a las condiciones de humedad y se secan rápidamente cuando no hay suministro de agua.

El contenido de agua del suelo también depende de las precipitaciones que recibe el jardín. Demasiada lluvia puede causar que vegetales como zanahorias, papas y cebollas se pudran en el suelo, y puede hacer que las coles y los tomates se rompan. En los lugares que reciben precipitaciones densas, se pueden utilizar lechos elevados o enrejados para hacer frente al anegamiento y proteger los cultivos que tienden a ser sensibles al exceso de agua.

Puedes saber fácilmente si su jardín necesita agua recogiendo un puñado de tierra y exprimiéndola. Si el terrón de tierra no se mantiene unido cuando abres el puño, significa que es necesario tomar la manguera y regar el jardín.

Plantar Temprano

Es más fácil comenzar la temporada temprano que extenderla hacia el final. Prepárese para plantar verduras o frutas a principios de la primavera, tan pronto como la humedad y la temperatura del suelo empiecen a normalizarse. Es mejor utilizar arriates o espalderas elevadas porque sostienen la tierra sobre el nivel normal del suelo y permiten que se seque más rápido en comparación con la tierra normal en el suelo. Esto significa que puede plantar las plántulas varias semanas antes de lo que las condiciones normales del suelo permitirían. Si no está familiarizado con el uso de los canteros elevados, intente seccionar una parte de su jardín y preparar los canteros elevados tan pronto como pueda. También puede tomar la iniciativa adicional de agregar termómetros de suelo para controlar la temperatura del mismo.

Una buena manera de empezar es comenzar a sembrar en el interior. Las semillas que se plantan en el interior y se transplantan en el exterior tienden a prosperar cuando se trasladan al exterior. Puede preparar sus semillas tres meses antes de que empiece la temporada para que los arbolitos estén listos para cuando llegue la primavera. Cuando los plantones crezcan hasta 3 o 4 pulgadas, puedes transferirlos a macetas con capacidad de florecer más grandes y luego trasladarlos a su jardín después de que midan 6 o 7 pulgadas. Para el momento en que la primavera empiece y el suelo se caliente lo suficiente como para que las plantas empiecen a crecer, tendrá arbolitos robustos con raíces bien desarrolladas que darán como resultado más producción.

Extendiendo la Temporada de Cosecha

Extender la temporada de su jardín depende enteramente de cuánto tiempo esté dispuesto a invertir en su jardín. También depende de las condiciones climáticas del lugar donde viva. Si vive en un país frío como Noruega, extender la temporada de cosecha durante la mayor parte del año significa que tendrá que invertir en invernaderos y proporcionar atención diaria a su jardín. Por otra parte, si sus necesidades son más sutiles, como extender la temporada de cultivo de sus tomates heirloom por unas semanas en otoño o transplantar sus arbolitos a principios de la primavera, hay varias soluciones fáciles y baratas.

La Extensión de 30 Días

Proporcionar un entorno de crecimiento seguro para sus plantas o plántulas y mantenerlas protegidas del sol, los vientos fuertes, las heladas y las plagas le dará un comienzo mucho más rápido. Cuando trasplante las plántulas durante el comienzo de la temporada de crecimiento, déjelas cubiertas con tela de jardín o tela de muselina durante las dos primeras semanas. Puede comprar telas de jardín en los jardines orgánicos o en las tiendas en línea. Estas telas están hechas de polipropileno o poliéster hilado, y permiten el flujo de la luz solar, el aire y el agua. Esto significa que el exceso de calor puede escapar durante los días calurosos de verano; el agua de lluvia también puede entrar en la cubierta y pasar a través de ella, por lo que no tendrá que preocuparse por las plantas anegadas. Todo lo que necesita hacer es controlar sus plantas todos los días y eliminar las malas hierbas con regularidad.

Como solo estás extendiendo la temporada de su jardín por un tramo de treinta días, puede adherirse a las alternativas más temporales, tales como contenedores de plástico para leche, latas de café y cajas de cartón. Solo asegúrese de dejar respiraderos en las cubiertas para que las plantas no se sobrecalienten.

La Extensión de 60 días

Para extender la temporada de cultivo por uno o dos meses, deberá hacer uso de telas de jardín. Durante los meses más cálidos de la primavera y el verano, puede utilizar las soluciones temporales que se mencionan arriba, pero cambie por una tela de jardín más pesada durante el otoño o el invierno. Las cubiertas de suelo más pesadas son funcionales a temperaturas más bajas, y ayudan al suelo a retener el calor y a prevenir la aparición de heladas y daños.

La elección de las variedades de plantas adecuadas para las estaciones apropiadas puede marcar una diferencia muy significativa. Algunas variedades de plantas son más adecuadas para crecer a principios de la primavera, mientras que otras crecen hasta bien entrado el otoño. Por ejemplo, hay algunas variedades de brócoli que prosperan en una primavera fría, y hay variedades de brócoli que son capaces de tolerar el calor. Algunas plantas pueden prosperar con la ayuda de la luz del sol, mientras que otras plantas crecen bien en condiciones de poca luz.

La Extensión de 3 a 4 Meses

Extender la temporada de jardín por tres o cuatro meses significa que puede extender la temporada de cosecha durante todo el año. En muchas partes del mundo que experimentan un clima frío y tienen temporadas de crecimiento cortas, no hay otra opción que usar tiendas o invernaderos. Mantener un entorno de cultivo consistente y protegido frente a condiciones climáticas duras y fluctuantes es en realidad más fácil de lo que parece. Las recompensas de tener productos sanos y orgánicos a lo largo del año superan las inversiones iniciales que se hacen.

La clave para extender exitosamente su temporada de cultivo por tres o cuatro meses es enfocarse en un pequeño número de cultivos o en una sección particular de su jardín. Tratar de extender la temporada de cultivo para una gran área requiere mucha inversión y materias primas. Es mejor seccionar su jardín y utilizar secciones más pequeñas de tres pies por cuatro pies para cultivar diferentes vegetales. Si escoge la variedad adecuada de plantas para cultivar, una pequeña sección como esta puede proporcionarle muchos meses de alimento. Utilice cubiertas o armazones para el frío y tela de jardín para hacer pequeños recintos y cultivar verduras o frutas durante ocho o diez meses del año.

Capítulo Nueve: Preparando Su Cocina para la Cosecha

La temporada de cosecha está a la vuelta de la esquina si se nota que las hojas cambian de color y se preparan para el invierno. Cuando llega el otoño, trae consigo la temporada de la cosecha. Además de Halloween y los cafés con especias de calabaza, octubre es también el momento de cosechar las semillas y recoger los frutos de su trabajo. Todo entusiasta de la jardinería orgánica sueña con un enorme jardín orgánico con plantas que produzcan alimentos sanos y orgánicos. Sin embargo, si no está acostumbrado a tener un jardín orgánico floreciente que produzca mucha comida, puede sentirse abrumado cuando se convierta en una realidad para usted.

Ya sea que cultive vegetales para ensaladas y tomates o frutas como fresas y frambuesas, querrá que todos los productos cultivados en su casa sean útiles. Ver que las cosas se desperdician durante la temporada de cosecha puede ser una experiencia amargamente desalentadora. La cantidad de ensalada y pastel de manzana que usted y su familia pueden comer es limitada, por lo que conservar algunas frutas y verduras o hacer mermeladas y encurtidos es una buena manera de utilizar todos los productos. Hacer esto también puede ahorrarle mucho dinero y tiempo que normalmente se gasta en comprar comestibles y verduras, y también proporciona abundante comida durante los inviernos. En caso de que se esté preparando para su primera temporada de cosecha, este capítulo le proporcionará toda la información que necesita para aprovechar al máximo sus productos orgánicos frescos.

La temporada de cosecha puede tomar a un recién llegado por sorpresa. Aunque es muy raro, puede incluso emocionar a un jardinero orgánico experimentado. No, no se emocionará ni se pondrá a llorar cuando traiga su primer pepino casero a la cocina. Me refiero al agotamiento y la fatiga que viene después de un largo día de enlatar pepinillos o pelar cerezas. Aunque para la mayoría de las personas es emocionante cosechar una gran cantidad de fruta y verdura en sus jardines, para algunos puede resultar abrumador y agotador cosechar y procesar repetidamente grandes cantidades de fruta y hortalizas. Cosechar los cultivos de su jardín orgánico podría necesitar más energía y trabajo de lo que usted anticipa, así que asegúrese de estar mentalmente listo antes de comenzar el proceso.

Cuando encuentre la manera de prepararse para la temporada de cosecha, hay dos cosas a las que debe aspirar:

Mantener Su Cocina Limpia y Eficiente

Tener una cocina limpia y libre de desorden puede aumentar la funcionalidad de su cocina y la capacidad para almacenar alimentos. Puede desordenar la cocina haciendo uso de organizadores y etiquetando las cosas que necesitan ser etiquetadas. El uso de organizadores, recipientes transparentes, estantes para especias y armarios puede ahorrarle mucho espacio y tiempo que normalmente se gasta en buscar entre montones de paquetes y en encontrar un paquete de paprika. Tener organizadores de cajones que ayuden a separar los platos, cucharas y otros tipos de cubiertos, mantiene ordenada la cocina y la despensa. Si está buscando formas permanentes de hacer su cocina más eficiente, puede considerar la posibilidad de invertir en electrodomésticos de cocina que realicen múltiples funciones y hagan su vida más fácil.

Mantener los Alimentos Frescos

Plantar un huerto orgánico y cosechar los frutos requiere mucho trabajo y tiempo. Después de que las frutas y verduras hayan madurado y estén listas para ser cosechadas, quizás desee revisar su refrigerador para asegurarse de que funciona. Quiere mantener su comida lo más crujiente posible, durante el mayor tiempo posible. Preservar la comida es siempre una opción, pero es preferible cualquier cosa fresca a la misma cosa en conserva. Tener un buen conocimiento de las diferentes técnicas de almacenamiento y saber qué frutas y verduras pertenecen a condiciones de baja o alta humedad puede ser de gran ayuda. Evite almacenar artículos perecederos como plátanos, tomates y cebollas dentro de la nevera.

La temporada de cosecha puede ser agitada mientras intenta recolectar y almacenar todo lo que su jardín orgánico le proporcionó. Un jardín trasero promedio puede producir hasta setenta y cinco libras de comida en una semana. No es exactamente una pequeña cantidad, y tratar de hacer todo a último momento puede ser problemático. Aquí hay algunas cosas que pueden ayudarle a enfrentar los desafíos de la temporada de cosecha:

Terminar Otros Proyectos

El mayor error que cometen los entusiastas de la jardinería orgánica antes de su primera temporada de cosecha es tener otros proyectos o compromisos importantes al mismo tiempo. No reservar suficiente tiempo durante la temporada de cosecha lo distrae de cuidar las saludables recompensas que su jardín le proporciona después de la larga temporada de crecimiento. Lo mismo ocurre con cualquiera que sea responsable de ayudarle con otras actividades como la conservación y el almacenamiento de alimentos. La temporada de cosecha puede ser una gran oportunidad para que usted y su familia se involucren colectivamente en algo, así que asegúrese de que todos los que participan en las actividades de cosecha estén disponibles durante la temporada de cosecha.

Asegúrese de Tener Ayuda

Esto va de la mano con el paso anterior; asegúrese de tener gente que le ayude en el proceso de cosecha. Otro error común que la mayoría de los principiantes cometen es pensar que pueden hacer todo por su cuenta. La cosecha puede ser un proceso largo y engorroso, y la cantidad de trabajo que conlleva a menudo es demasiado para una sola persona. Puede involucrar a sus hijos en el proceso, especialmente si son jóvenes y necesitan supervisión constante. La actividad colectiva puede ser buena para el desarrollo social del niño, al mismo tiempo que le permite cuidar de sus hijos y hacer el trabajo simultáneamente.

Haga un Plan

Como dice el famoso refrán, fallar al planear es planear el fracaso. La idea de tener un jardín orgánico que produzca muchos productos es buena, pero ¿Ha pensado en lo que va a hacer una vez que los productos sean cosechados? Hay un límite en la cantidad de alimentos que puede preservar y almacenar, así que ¿qué va a hacer? ¿Estará listo para la temporada de cosecha, y tendrá suficientes recursos para almacenar todos los alimentos?

Hay muchas maneras de agilizar este proceso; puede jugar con los tipos de plantas que elija para cultivar en su jardín, y también puede cosechar diferentes cultivos en diferentes estaciones para facilitarle las cosas. Planificar qué ingredientes se necesitan y adquirirlos de antemano puede ahorrarle una montaña de trabajo que se acumula en el último momento.

Revise Sus Conservantes

Si es la primera vez que trata con una gran cosecha, puede que no esté muy familiarizado con los diferentes procesos de preservación. Antes de que comience la temporada de cosecha, asegúrese de que ha leído lo que es necesario y ha descubierto qué métodos de preservación utilizar. Dependiendo de la cantidad de producto que coseche, es muy probable que necesite muchas especias, vinagre, azúcar, edulcorantes, limones y otros conservantes naturales. Puede ahorrar dinero comprando estos productos a granel a un mayorista o proveedor y adquirir lo que necesita con un descuento en lugar de comprarlo en las tiendas normales de venta al por menor. Otros elementos útiles, como el papel celofán y las gomas elásticas, también se pueden comprar a granel, lo que le ahorrará mucho dinero y problemas.

Aquí hay algunos métodos comunes de conservación que puede utilizar:

• Para frutas, incluyendo tomates, y vegetales acuosos, como el pepino y la calabaza, el enlatado mediante baño de agua es la mejor manera de hacerlo.

• Para las verduras y las carnes carnosas, el enlatado a presión es la única manera de almacenarlas y al mismo tiempo mantenerlas seguras para su consumo. Si usted está conservando muchos alimentos, considere la posibilidad de obtener frascos adicionales y contenedores herméticos.

• La deshidratación es uno de los métodos de conservación más antiguos, y se utiliza para almacenar carne y otros productos perecederos. No se pueden deshidratar productos sin un deshidratador, así que conseguir uno debe estar al principio de la lista si planeas hacer comida seca. De hecho, un deshidratador puede ser tan útil que tener uno solo puede no ser suficiente para una buena temporada de cosecha.

• La congelación es una forma efectiva de almacenar alimentos durante un largo período de tiempo. Sin embargo, si el congelador deja de funcionar o en caso de un largo corte de energía, puede terminar perdiendo mucha comida. La mayoría de los expertos recomiendan deshidratar o enlatar los alimentos porque no hay que depender de un congelador que sea propenso a fallar en un momento dado.

Use Desinfectantes

Lo último que desea es que sus vegetales y frutas orgánicas se contaminen con químicos o bacterias. Debe utilizar desinfectantes naturales para limpiar las encimeras de la cocina y otras superficies expuestas donde suele trabajar. Durante la temporada de cosecha manejará muchos productos alimenticios, que van desde hacer mermeladas de frutas hasta deshidratar verduras y conservar la carne. El uso de desinfectantes y el mantenimiento de la cocina limpia puede evitar la contaminación o las infecciones bacterianas. Puede hacer su propio desinfectante orgánico usando ingredientes simples de cocina como limón, lima, bicarbonato de sodio o vinagre de manzana.

Crear el Ambiente Adecuado para el Almacenamiento

Los alimentos pueden volverse rancios o comenzar a descomponerse por encima de ciertas temperaturas. Si no se consigue una temperatura adecuada en el espacio de almacenamiento, todo el trabajo duro que se realiza durante la temporada de crecimiento y la cosecha puede desperdiciarse. Si tiene una despensa que está ubicada en el sótano, mantener la temperatura y conservarla fresca es comparativamente fácil. Sin embargo, si tiene una cocina normal sin sótano, debe considerar la posibilidad de invertir en un sistema de control de temperatura para asegurarse de que sus esfuerzos y energía no se desperdicien. Un espacio de almacenamiento defectuoso puede deshacer todo el trabajo duro que conlleva el proceso de la agricultura orgánica.

Recolección de Contenedores

Si su jardín está en auge y parece que la temporada de cosecha está a la vuelta de la esquina, debería empezar a recoger tarros de cristal o contenedores para guardar alimentos en conserva como mermeladas y encurtidos. Puede comprarlos en un mercado local de agricultores o en ventas de patio y tiendas de conveniencia. Busque siempre recipientes que tengan una tapa hermética, para no tener que preocuparse de que nada se contamine con el aire o las bacterias. También son más fáciles de abrir y cerrar, e incluso puede decorarlos a su gusto. Si está buscando, puede que incluso encuentre un anuncio en los periódicos locales sobre gente que simplemente regala viejos frascos de mermelada. Si está recolectando muchos productos de su jardín orgánico, la única manera de evitar que se echen a perder es mediante métodos de conservación, y los frascos de vidrio herméticos siempre han sido la solución. Un armario de cocina que está lleno de tarros de comida conservada es siempre una cosa satisfactoria.

Invertir en un Congelador

Si sus aventuras en la jardinería orgánica tienen éxito, espere toneladas de productos, y esté listo para almacenarlos de inmediato. Si está cultivando vegetales como calabazas, guisantes, verduras de hoja y frijoles, almacenarlos rápidamente es importante porque pueden empezar a deteriorarse rápidamente. Un congelador es la mejor opción si no quiere molestarse con la molestia de prepararlos y/o conservarlos. El valor nutritivo de las hortalizas sigue siendo el mismo, incluso cuando las congela. Los congeladores industriales más grandes ofrecen suficiente espacio para almacenar suficiente comida para dos o tres meses. Aunque la factura de la electricidad puede ser un poco alta, eso sería insignificante comparado con lo que se ahorra al mantener su propio suministro de alimentos. Lo bueno claramente supera a lo malo en este caso. Una cosa sobre la congelación de alimentos que hay que recordar es que no hay que gastar mucho tiempo y energía en el proceso de conservación, que puede ser bastante largo, especialmente si se tienen muchos productos que manipular. El almacenamiento también se convierte en un problema si se tienen demasiados frascos y contenedores que contienen todo, desde verduras hasta productos cárnicos. Un gran congelador le ahorra mucho trabajo. La tecnología moderna ha hecho de los cortes de energía una cosa rara, e incluso si uno ocasionalmente ocurre, apenas cruza la marca de los treinta minutos. La comida congelada no se derrite instantáneamente, especialmente si ha estado congelada durante mucho tiempo; las cosas en su congelador se mantienen frescas lo suficiente para durar durante estos raros cortes de energía. Desde los albores de la pandemia de 2020, un mundo post-apocalíptico no parece un sueño distópico, así que todavía guardaría algunos frascos vacíos por si las cosas se aceleran.

Organizar la Cocina y la Despensa

Mantener la cocina y la despensa organizadas no se trata de hacer cambios drásticos, sino más bien de hacer pequeños ajustes que eventualmente se acumulan para crear un cambio positivo. Por ejemplo, es más fácil para usted saber cuánta comida queda en un recipiente si utiliza recipientes transparentes. Por lo tanto, los recipientes transparentes y los frascos de vidrio se convierten en una opción mucho mejor; además, las bolsas de papel o de plástico no pueden almacenarse en pilas o filas ordenadas.

Tirar cosas en una bolsa y meterlas en un armario o un cajón puede convertirse en un hábito muy malo que es difícil de perder. Pronto se encuentra uno perdiendo cosas en la parte de atrás del armario o pasando mucho tiempo hurgando entre montones de bolsas de papel. Mantener la cocina y la despensa organizadas es el subproducto de las buenas prácticas. Almacene los alimentos en un solo recipiente transparente en lugar de utilizar varios recipientes más pequeños; esto le ayudará a ahorrar mucho espacio y también le permitirá ver lo que tiene a simple vista. Los frascos de medio galón y los frascos de vidrio de Mason son convenientes para almacenar alimentos, semillas y encurtidos. Para los alimentos a granel, utilice un recipiente grande en el área de la cocina o en la despensa. Por ejemplo, puede utilizar grandes recipientes de vidrio para almacenar granos o harina, así no tendrá que correr a la despensa cada vez que los necesite, lo que le ahorrará mucho tiempo.

Intente guardar artículos similares en los mismos recipientes. Puede dividir sus raciones y guardar todos los artículos secos, como la harina y los granos, en un armario y otro armario para los productos húmedos como los encurtidos, las salsas y las mermeladas. También puede utilizar los recipientes para almacenar productos que se utilizan específicamente para un propósito; por ejemplo, puede guardar todos los ingredientes de panadería como la harina, el bicarbonato de sodio, la levadura y las esencias. Los productos alimenticios conservados y los alimentos enlatados deben almacenarse en recipientes o armarios frescos y secos. Utilice un solo estante para almacenar nueces enlatadas, tomates secos, verduras deshidratadas y otros productos húmedos.

El Propósito de Organizar Su Cocina

Una cocina organizada facilita el trabajo. Todos hemos cometido el error de comprar algo que ya estaba guardado en nuestros gabinetes de cocina. Puede que fuera a la tienda a comprar una lata de crema de coco, solo para llegar a casa y encontrar que ya tenía dos latas de crema de coco en el estante. No solo termina perdiendo su tiempo yendo a la tienda o hurgando en su armario, sino que también gasta dinero innecesariamente en gasolina extra para ir a la tienda y comprar cosas que ya tiene. Puede convertirse en un círculo vicioso. Es posible que deba cambiar de receta mientras está en medio de un platillo, después de descubrir que no hay suficiente harina dentro de los recipientes. Puede solucionar todos estos problemas manteniendo el espacio de la cocina organizado y desordenándolo de vez en cuando.

Decida Qué guardar y Qué tirar

Cuando decide pasar el día desordenando su cocina, tiene que asegurarse de que solo guarda lo que necesita. Acumular solo aumenta las molestias, y la mayoría de la gente no se da cuenta de que lo están haciendo. Si se encuentra en el dilema entre guardar algo y tirarlo a la basura, pregúntese si lo usa a menudo. Es mejor que solo guarde cosas que se puedan usar todos los días, semanalmente o al menos una vez al mes. Si hay algún otro artículo en el armario de la cocina que se utiliza para el mismo propósito: por ejemplo, no es necesario tener una jarra y una ponchera, puede eliminar una de ellas para conservar el espacio de almacenamiento y reducir el desorden.

Otra buena manera de mantener una cocina libre de desorden es manteniendo las cosas en el lugar correcto. Por ejemplo, no es necesario que los cubiertos, como tenedores y cucharas, estén en la parte superior de la encimera de la cocina. Tiene más sentido meterlos en un cajón y usar el espacio libre para guardar las cosas que requieren más uso. La mayoría de los cajones de la cocina están llenos hasta el borde de cosas que no se necesitan, algunas de ellas ni siquiera se usan en la cocina. Se puede pensar que es mejor vaciarlos y empezar de cero, pero puede terminar deshaciéndose de las cosas que son realmente útiles. Por ejemplo, si tiene un viejo electrodoméstico de cocina que se rompió y no se puede reparar, y no se puede reciclar, tirarlo a la basura es lo único que se puede hacer. Reciclar, regalar y vender lo que se pueda. Pero no tema ser despiadado al tirar las cosas, solo asegúrese de que lo que tira es realmente inútil. A veces es fácil desilusionarse pensando que su cocina o despensa está organizada, aunque en realidad no lo esté. Si tiene montones de objetos en diferentes lugares, es hora de poner las cosas en orden.

Capítulo Diez: Preservar la Comida

En esta sección, aprenderá a aplicar las diversas técnicas de conservación de alimentos para mejorar su suministro de alimentos durante todo el año. Exploraremos el enlatado, secado, encurtido, fermentación, congelación, ahumado y almacenamiento en frío de los alimentos. También he mencionado algunas recetas para que traten de preservar sus productos. Conocerán también los diversos equipos como deshidratadores y ollas a presión que les ayudarán.

Aprender a preservar los alimentos de forma segura en casa es una habilidad que debe tratar de dominar. Le ayudará a abastecerse de todos los productos extra y a ahorrar mucho dinero. Conservar los productos frescos de su granja sabrá mucho mejor que los que compra comercialmente. Estos no tienen ningún conservante o aditivo dañino, tampoco. También puede venderlos como productos orgánicos en el mercado de los agricultores.

Hay muchas maneras diferentes de preservar los alimentos cultivados en su granja:

Procesamiento Mínimo

La forma más fácil de conservar los alimentos es usar la temperatura ambiente y el almacenamiento en frío. Esto incluye el uso de una despensa sin calefacción y un sótano subterráneo: espacios subterráneos, bodegas, sótanos sin calefacción, almacenes subterráneos, etc. Las verduras como las patatas, el repollo, las zanahorias, las remolachas, las cebollas y el ajo pueden almacenarse durante meses. Algunas verduras como calabazas, calabacín, maíz seco y tubérculos requieren muy poco procesamiento.

Deshidratación o Secado

Uno de los métodos más antiguos de conservación de alimentos es la deshidratación o el secado. Esto puede hacerse usando hornos solares, secado al aire libre, secado por suspensión, deshidratadores comerciales y deshidratadores solares, etc. Cuando se dispone de un espacio de almacenamiento limitado, es mejor secar los alimentos que probar otros métodos de conservación. Sin embargo, hay ciertos alimentos que no se deshidratan bien. Los alimentos deshidratados pueden almacenarse bien en un área seca y fresca para una mayor vida útil. Las frutas, la cecina de carne y las verduras se deshidratan bastante bien en su mayor parte.

Enlatado

El enlatado se hace procesando la comida con calor y almacenándola en frascos para su conservación. Esto puede hacerse mediante el enlatado con vapor, baño de agua o a presión. En el enlatado por baño de agua, se utiliza una gran olla de almacenamiento. Los frascos se colocan en una rejilla de enlatado sin contacto directo con el fondo de la olla. Se cubren con un par de pulgadas de agua en el fondo. Los alimentos de alta acidez se conservan bien con el enlatado por baño de agua. Esto incluye tomates, frutas, jaleas, encurtidos y condimentos. El enlatado al vapor solo ha sido aprobado para la conservación en casa recientemente. Se utiliza un enlatador especial para procesar alimentos con vapor sin presión. Esto también funciona bien para los alimentos de alta acidez. Un enlatador a presión puede ser usado con el enlatado por baño de agua si se deja la ventilación abierta. Sin embargo, hay que tener cuidado al hacer esto para que el vapor no se acumule en el interior. El enlatado a presión en sí mismo se hace con un enlatador a presión que utiliza altas temperaturas y alta presión para la conservación de los alimentos. Este método se utiliza para preservar alimentos de baja acidez como el maíz, carnes, zanahorias, frijoles y salsas. Es importante seguir prácticas de enlatado seguras, ya que de lo contrario puede causar envenenamiento por botulismo.

Congelación

Congelar los alimentos para su conservación requiere de muy poco equipo y permite que la comida conserve su sabor fresco. Para congelar la mayoría de las verduras, hay que escaldarlas o cocinarlas para detener la acción de las enzimas y asegurar una mayor calidad. Escaldar los alimentos implica tratarlos con calor y luego sumergirlos rápidamente en agua fría para evitar que se cocinen. Las verduras suelen escaldarse durante unos tres minutos mientras se hace esto. Mientras que, para congelar las frutas, el escaldado no suele ser necesario. Se pueden almacenar en su forma natural o con azúcares y otros antioxidantes que retrasarán la decoloración y extenderán la vida de almacenamiento. Puede congelar fácilmente sus frutas en hojas para hornear galletas y luego colocarlas en paquetes sellados al vacío. Esto permite el almacenamiento a largo plazo de las frutas congeladas. Al sellarlas en bolsas selladas al vacío, puede evitar la formación de cristales de hielo. Esto también permite que la vida de almacenamiento se incremente casi cuatro veces más.

Liofilización

La deshidratación por congelación o liofilización solo se ha permitido en los hogares recientemente. Se necesita un congelador de gran capacidad para esto, junto con una cámara hermética que mantenga el vacío mientras se usa. También necesitará agregar una bomba de vacío de alta calidad que tenga un poder de succión extremadamente fuerte. Luego se necesita un calentador y un termostato que permita subir y bajar la temperatura. Esto le ayudará a repetir el proceso de sublimación durante muchas horas. Se agrega un sensor de humedad para asegurar que el agua permanezca afuera, y esto completa el ciclo de liofilización. Los productos lácteos y algunos otros alimentos no se almacenan muy bien con otros procesos. Por eso la liofilización puede ser un método de conservación beneficioso para añadir a su casa.

Fermentación

La fermentación de los alimentos se ha practicado comúnmente en muchas culturas a lo largo de los años. Aquí, los alimentos de baja acidez se convierten en alimentos de alta acidez para aumentar su vida útil. Pueden ser almacenados por más tiempo de esta manera, o enlatándolos en latas con baño de agua. Hay ciertos fermentos, sal o suero de leche que pueden ser usados para fermentar alimentos. Estos ingredientes ayudan a aumentar el valor nutricional de los alimentos y también facilitan su digestión. Por eso los alimentos fermentados se llaman a menudo alimentos de cultivo vivo. En el proceso de fermentación, los microbios predigerirán la comida, y la acidez está implicada. Esto provoca cambios en la textura y el sabor de los alimentos. El queso, la kombucha, el yogur, el chocolate, el kimchi, el vinagre, la masa de pan y el chucrut son algunos de los alimentos creados con la fermentación.

Preservación con Sal y Azúcar

La sal y el azúcar se han utilizado para la conservación desde mucho antes de que se descubrieran otros métodos, como el enlatado o la congelación. Estos ingredientes ayudan a extraer el líquido de las frutas, verduras y carne. Esto evita el crecimiento de microbios que solo prosperan en el agua. La sal y el azúcar provocan un cambio en la textura y el sabor de los alimentos. Por eso solo deben usarse si se tiene el paladar para ello. También puede preservar las hierbas de su jardín con sal y azúcar.

Inmersión en Alcohol

El alcohol extrae agua de los alimentos como la sal y el azúcar e inhibe el crecimiento de microbios. Todo lo que tiene que hacer es sumergir un poco del producto en algún licor fuerte. Esto permite que la comida se almacene durante mucho tiempo. Sin embargo, es importante no poner demasiada comida en muy poco alcohol. La inmersión en alcohol es una buena manera de preservar los alimentos que son altamente ácidos y también permite producir extractos de sabor.

Encurtido en Vinagre

Un entorno altamente ácido no es propicio para el crecimiento de los microbios. Por eso el vinagre puede usarse para conservar alimentos sin enlatar o calentar. Así es como se utilizaban los barriles de encurtidos para preparar encurtidos de larga duración.

Inmersión en Aceite de Oliva

El aceite de oliva se utiliza comúnmente en Europa para preservar los alimentos. Sin embargo, si no se tiene experiencia con él, es mejor no depender de este método. La fruta o verdura se sumerge en aceite de oliva y se encierra sin aire. Sin embargo, si se trata de un alimento de baja acidez, existe un alto riesgo de botulismo.

Como puede ver, tiene muchos métodos de conservación diferentes para usar en los productos que se cosechan en su granja. Puede probarlos de acuerdo a su presupuesto, y también el alimento específico que desea preservar.

Puede que se pregunte qué método es el mejor para la preservación, pero la respuesta a esta pregunta variará. Dependerá enteramente de lo que quiera almacenar y de las condiciones de almacenamiento y de cómo lleve a cabo el proceso. Algunas personas dicen que la congelación es mejor que el enlatado, porque este último causa una pérdida de nutrientes. Sin embargo, los estudios han demostrado que la refrigeración también causa pérdida de nutrientes después de unos pocos días. La razón de esto es que los alimentos continúan metabolizándose incluso mientras están almacenados. El almacenamiento en la bodega también causa pérdida de nutrientes. Los alimentos secos también tendrán una pérdida significativa de nutrientes. Por eso es mejor enlatar los alimentos justo después de cosecharlos, mientras el valor nutritivo está en su punto máximo. Esto permite una mejor retención de nutrientes durante un período más largo de tiempo. La fermentación es un método que añade valor nutritivo a los alimentos, pero solo durará unos pocos meses o semanas, dependiendo del alimento. Los alimentos secos tienen una mayor vida útil que los otros alimentos en conserva. También ocupan mucho menos espacio. Congelar o secar los alimentos le permite almacenarlos durante unos dos o tres años si se realiza el sellado al vacío. Sin embargo, independientemente del método de conservación, encontrará que los alimentos conservados en casa son mucho más nutritivos y seguros de consumir que los conservados comercialmente.

Algunas recetas de conservación que puede probar:

Manzanas enlatadas

Materiales

- 5 libras de manzanas
- Baño de agua enlatada
- Tazones
- 2 tarros de conservas, tamaño de un cuarto de galón
- 4 tazas de agua
- 1 taza de azúcar
- Ácido cítrico (opcional)
- Cuchillo afilado
- Anillos y sellos de enlatado
- Elevador de jarras
- Embudo de enlatado
- Cucharas grandes
- Toallas
- Olla grande

Método

1. Primero, debe lavar las manzanas y pelarlas. Sacar los corazones y cortar las manzanas con el cuchillo.

2. Se puede utilizar ácido cítrico para evitar que las manzanas se oscurezcan.

3. Tiene que hacer el jarabe, que puede ser ligero o medio. Calentar el agua y añadir azúcar en la cacerola. Esperar a que el azúcar se disuelva.

4. Luego vierta este jarabe de azúcar sobre las manzanas en los frascos de conservas. Deje alrededor de media pulgada de espacio en la lata.

5. La rejilla de la lata debe colocarse en la lata con baño de agua, encima del agua.

6. Las burbujas de aire deben ser removidas de los frascos una vez que estén llenos. Hay una herramienta disponible para esto.

7. Limpie el borde del recipiente para asegurarse de que no hay jarabe. Luego agregue la tapa encima para sellarlo.

8. Una vez que todos los frascos estén llenos de manzanas y jarabe, puede bajarlos al enlatador. Calentar el agua y procesarlos.

Tomates en Conserva

Materiales

- 15 libras de tomates
- 6 cucharadas de Sal de lata
- 3/4 tazas de jugo de limón
- Lata a presión
- 6 frascos de conservas, tamaño de un cuarto de galón
- Cuchillo afilado
- Tapas de lata
- Anillos de enlatado
- Tazones
- Toalla
- Olla grande
- Elevador de jarras
- Embudo de enlatado
- Cuchara grande

Método

1. Escaldar los tomates primero. Dependiendo de su tamaño, puede hacerlo de a poco o de una sola vez. Los tomates romanos son mejores para enlatar que la mayoría de los otros, porque son más pequeños y carnosos. Puede escaldar en una escaldadora o simplemente con una olla de agua hirviendo y una cuchara.

2. Para enlatar los tomates frescos, deben ser puestos en agua hirviendo hasta que la piel se rompa. Esto solo toma un minuto o menos.

3. Luego se ponen los tomates en un tazón de agua fría inmediatamente para que dejen de cocinarse.

4. Retire la piel de los tomates y córtelos en trozos.

5. Luego agregue los tomates en los frascos.

6. Añada el zumo de limón a los tarros con una cucharadita de sal por cada cuarto de galón.

7. Presione los tomates para que haya jugo de limón en los espacios entre ellos. Solo se necesita media pulgada de espacio libre.

8. Una vez que todos los tomates estén pelados, cortados y enlatados, deshágan se de las burbujas de aire.

9. Limpie los bordes para que la comida o el jugo no afecten el proceso de sellado. Luego agregue las tapas en la parte superior y selle.

10. Coloque los frascos en agua caliente en el enlatador. El agua no debe estar hirviendo.

Hay muchas otras formas de enlatar o conservar alimentos que puede probar.

Capítulo Once: Mantenimiento por Temporada

El cuidado y mantenimiento adecuado de la mini granja asegurará la sostenibilidad de una temporada a otra. Mantener los gallineros y los recintos de los animales limpios y preparados adecuadamente para los meses de invierno, dependiendo de donde viva, evitará enfermedades y contagios. Mantener encima las malas hierbas y las plantas de mantillo ayudará a controlar las enfermedades.

Preparando Su Jardín para el Invierno

Antes de que llegue el invierno, los vegetales de la temporada están cerca del final de su vida, ya que sucumben a las heladas más fuertes. Las cosechas de primavera y verano han pasado, y ahora puede que quiera dejar que la naturaleza siga su curso en el jardín durante el invierno. Sin embargo, sus acciones durante este tiempo determinarán cuánto trabajo tiene que hacer una vez que pase el invierno. Si solo mantiene su jardín y da algunos pasos adicionales, tendrá mucho menos trabajo a largo plazo.

Las Plantas Muertas y Podridas Deben ser Limpiadas

Dejar las plantas muertas o podridas en el jardín no solo dará un aspecto desordenado a su jardín, sino que también albergará plagas y enfermedades. Algunos insectos ponen huevos en las plantas durante el verano, y si deja las plantas allí durante el invierno, los insectos se enconarán allí hasta el verano. Deshacerse de estas plantas le ayudará a prevenir infestaciones de plagas en primavera. Puede quitar las plantas o incluso enterrarlas en el suelo. Enterrar las plantas viejas añadirá materia orgánica y mejorará la fertilidad del suelo.

Las Malezas Invasoras Deben ser Eliminadas

Si algunas malezas invadieron su jardín en la temporada de crecimiento, ahora es el momento de deshacerse de ellas. Usted puede desenterrarlas y quemarlas o tirarlas a la basura. Algunas variedades de malezas también pueden ser usadas para el compostaje. Sin embargo, hay algunas que también crecerán en el montón de abono. No arroje las hierbas en un área cualquiera del patio porque pueden crecer más allí. Deshacerse de ellas por completo en invierno es la mejor manera de evitar que crezcan en la próxima temporada de cultivo.

Prepare el Suelo para la Primavera

La mayoría de la gente espera a la primavera para preparar el suelo para la temporada de crecimiento. Sin embargo, en realidad se puede aprovechar el tiempo durante el otoño para hacer esto. Puede añadir estiércol, algas, abono, polvo de huesos y fosfato de roca al suelo. Cuando añade estos nutrientes alrededor del otoño, les da tiempo suficiente para descomponer y enriquecer el suelo. Se vuelven biológicamente activos y mejoran la calidad del suelo para cuando llega la primavera. Si trabaja el suelo en primavera, pierde tiempo esperando a que la helada se seque antes de preparar el suelo. Si mejora y revuelve la tierra en otoño, habrá terminado la mitad del trabajo antes de la temporada alta. El labrado de los sólidos en otoño también mejorará el drenaje de la tierra antes de que llegue el clima extremo. Después de añadir las mezclas a la tierra, puede cubrir el patio con láminas de plástico o cualquier otra cubierta que evite que cualquier lluvia de invierno se lleve las mezclas. Esta cobertura es especialmente importante para los lechos elevados que drenan fácilmente. Las lluvias pueden empujar los ingredientes activos por debajo de la zona de las raíces donde las plantas obtienen los nutrientes. Esta cubierta puede ser removida a principios de la primavera. Se puede labrar ligeramente el suelo en ese momento y prepararlo para la plantación de primavera.

Cultivos de Cubierta Vegetal

El final del verano y el principio del otoño son una buena época para sembrar cultivos de cobertura en algunos climas. Esto ayudará a proteger el suelo de la erosión y romperá el suelo compactado. También ayudará a aumentar los nutrientes orgánicos en el suelo. Intente cultivar legumbres como guisantes o tréboles en su jardín. Esto aumentará los niveles de nitrógeno, de los que se benefician otras verduras. Por lo general, es mejor plantar estos cultivos de cobertura alrededor de un mes antes de que la primera helada fuerte llegue a su área. Hay algunos cultivos que pueden soportar condiciones aún más duras. Puede consultar o pedir a otros agricultores recomendaciones sobre los cultivos de cobertura adecuados en su región.

Pode las Plantas Perennes

Es una buena idea recortar algunas de sus plantas perennes en el otoño. Sin embargo, esto solo debe hacerse para ciertas plantas perennes y no para todas. Plantas como el hinojo se adaptarán bien a la poda de otoño. Pero las plantas como los arándanos y las frambuesas deben ser podadas en primavera. La poda de otoño debe hacerse para hierbas como el tomillo, el romero y la salvia y vegetales como el ruibarbo y los espárragos. También se pueden podar las plantas de moras en otoño. Si se deshace de los tallos deteriorados, la planta se extenderá vigorosamente.

Dividir y Plantar los Bulbos

La mayoría de los bulbos de primavera habrán florecido y muerto en otoño. Sin embargo, hay algunos bulbos que florecen más tarde, como los lirios. Alrededor de un mes después de su florecimiento, puede extraer las plantas y dividir las que parezcan descuidadas o abarrotadas. Los bulbos de primavera requerirán que haga algunas conjeturas para ello, pero otras son más obvias. Debe cavar al menos cinco pulgadas del tallo de la planta mientras afloja la tierra con cuidado. Levante suavemente los bulbos y separe los bulbillos para que pueda transplantarlos a otras partes del jardín. Puede plantar sus bulbos de primavera como tulipanes y narcisos en otoño también.

Recolectar el Abono y Generar Más

Una vez que el calor del verano ha pasado, los microbios tienden a hibernar en invierno. Sin embargo, no debe ignorar el montón de abono en este momento, ya que perderá una buena oportunidad. El material que usted compostó en el verano estará listo para ser usado en este momento. Puede usar este rico abono para cubrir los lechos del jardín y enmendar cualquier suelo deficiente. Fertilizará la tierra de su jardín y dará un impulso a la temporada de crecimiento en primavera. Cuando limpie el abono terminado, también tendrá la oportunidad de comenzar un nuevo lote que puede ser protegido contra el frío invierno. Añada muchas hojas de otoño a su montón de abono para mantener los microbios activos durante un período más largo. También puede añadir aserrín o paja junto con los residuos de alimentos y cualquier otra materia activa.

Reponer el Mantillo

Al igual que el mantillo de verano, el mantillo de invierno también es beneficioso para su jardín. Ayudará a prevenir el exceso de pérdida de agua y también protegerá el suelo de la erosión. El mantillo también inhibirá el crecimiento de las malas hierbas en su jardín. Además de esto, el mantillo de invierno tiene otros beneficios. El clima helado del invierno tiene un efecto adverso en las plantas y el suelo. El golpeteo y la agitación dañarán las raíces. Cuando se añade una capa de mantillo, regula la temperatura del suelo, los niveles de humedad, y también facilita la transición al invierno. Deberá añadir una capa gruesa de mantillo alrededor de sus raíces en otoño e invierno, ya que prolongará la cosecha y protegerá contra las fuertes heladas. Mientras el mantillo se descompone, se añade nueva materia orgánica en el suelo también.

Evalúe la Temporada de Cultivo

Tómese este tiempo para evaluar los vegetales y frutas que sembró en la última temporada. ¿Crecieron bien y le dieron suficientes productos? Aproveche este tiempo para reconsiderar cualquier planta que haya tenido un rendimiento inferior. Puede buscar variedades que puedan tener un mejor rendimiento en su área también. Si ciertas plantas tuvieron un buen rendimiento, podría añadir algunas variedades más de las mismas para que la cosecha se prolongue. Tome notas para ver qué funcionó en la última temporada y qué no. Evaluar todo esto en otoño o invierno le da una mejor idea de lo que debe hacer en la próxima temporada.

Limpie Sus Herramientas

Cuando su jardín está en pleno apogeo, puede ser difícil mantener el mantenimiento de todas las herramientas o maquinaria. El otoño es el mejor momento para trabajar en esto. Puede limpiar todas las herramientas y afilarlas, para que funcionen mejor en la siguiente temporada. Es importante limpiar y engrasar las herramientas de vez en cuando para que duren más tiempo. Deshágase de cualquier escombro o suciedad que pueda estar pegada en sus herramientas. Se puede usar un cepillo de alambre o una lija para eliminar el óxido. Una lima de molino le ayudará a afilar las palas y azadas. Una vez que haga todo esto, use un trapo aceitado para frotar las superficies. El aceite de la máquina sellará el metal y lo protegerá del oxígeno, lo que permite que sus herramientas duren mucho más tiempo.

Independientemente del tipo de granja que tenga o donde viva, es mejor hacer un mantenimiento estacional. Ayudará a que su jardín funcione mucho mejor cuando llegue la primavera y el verano. También mejorará su suelo y la calidad de su rendimiento con el tiempo.

Capítulo Doce: Seguimiento de los Progresos y Formación de la Comunidad

Recuerde la importancia de guardar muchas notas para registrar sus éxitos y fracasos para ayudar a asegurar el éxito de sus futuros proyectos. Hay una amplia gama de recursos disponibles en línea, en la extensión agrícola del condado, y a través de las granjas locales. Otras personas que tienen mini granjas están siempre dispuestas a compartir lo que han aprendido. Al compartir la información, empiezan a ver la importancia de formar una comunidad en la que se apoyan unos a otros en los buenos tiempos y en los tiempos de crisis.

Hay mucha información disponible en libros y en Internet para ayudarle a comenzar con su mini granja. Sin embargo, esta información puede ser a menudo genérica y suele estar dirigida a un gran público. La creación de conexiones con otros productores o agricultores será mucho más beneficiosa para usted a largo plazo. Recuerde seguir el progreso de su granja mientras trabaja en ella. Puede compartir esta información con otros agricultores cuando se conecte.

Mientras que otros pueden beneficiarse de sus experiencias de aprendizaje, usted también se beneficiará de las suyas. Usted aprenderá la misma jerga que ellos usan, cuando forme una comunidad con ellos. Aunque aprenda mucho mientras trabaja en el jardín, le ahorrará mucho tiempo si recibe consejos de los que tienen más experiencia. Si usted se convierte en parte de su comunidad, ellos estarán más que dispuestos a ayudarle a evitar ciertos errores que podrían haber cometido en el pasado. También estarán encantados de compartir algunos secretos del oficio que los forasteros no conocen.

Si no se conecta con los demás, siempre permanecerá en el exterior. Formar una comunidad le permitirá conocer gente con ideas afines y tener un grupo de confianza. Puede confiar en ellos para que le ayuden y aconsejen en su viaje agrícola. También le darán una retroalimentación constructiva sobre lo que hace, para ayudarle a crecer y mejorar.

En esta era de la tecnología, también puede beneficiarse de aplicaciones relacionadas con este género. Hay algunas aplicaciones de jardinería que los cultivadores más eficientes usan hoy en día:

Gardroid

Es una aplicación fácil de usar que tiene una gran lista de vegetales y frutas para que usted pueda buscar. Puede seleccionar algunas y agregarlas a su lista de jardín en la aplicación. Incluso puede seguir el progreso de esos cultivos en la aplicación después de plantarlos en el jardín. También tiene un calendario y una sección de notas.

Gardening Manager

Esta aplicación le permitirá tomar notas, hacer un seguimiento de las plantaciones o de los horarios de cultivo, y mantener otros registros. Incluso puede tomar fotos de su jardín y llevar un diario.

Plant Alarm

Esta aplicación es usada por los jardineros para poner alarmas para sus actividades de jardinería. Esto le permite asegurar el cuidado y mantenimiento adecuado de sus plantas. No confíe en su memoria para regar sus plantas. En su lugar, puede configurar la alarma para cada tipo de planta en la aplicación. Le dirá exactamente cuándo y qué planta tiene que regar diariamente.

Plant Diary

Esta simple aplicación es genial para seguir el crecimiento de su jardín. Hay una opción de cuadrícula que le permite trazar un mapa de su jardín real en la aplicación. Puede registrar lo que ha plantado en un área específica de su jardín. Es ideal para invernaderos, jardines o granjas. Pero esta aplicación es más beneficiosa para aquellos que quieren un pequeño jardín en áreas urbanas.

Garden Squared

Esta aplicación le ayuda a planear su jardín y a rastrear dónde y qué ha plantado. También tiene una función de diario, que puede utilizar para tomar notas sobre el progreso de cualquier planta. Esta aplicación no tiene una base de datos y es más simple que la mayoría de las otras aplicaciones mencionadas aquí.

Intente descargar estas aplicaciones en su teléfono o tableta para utilizar sus beneficios. También puede unirse a los foros en línea o a las asociaciones locales de agricultores para conectarse con otras personas que disfrutan de la jardinería o la agricultura.

Conclusión

La jardinería es una gran manera de mantenerse activo y hacer algo productivo al mismo tiempo. Con la ayuda de la *Mini Granja para Principiantes: La Guía Definitiva para Convertir Su Jardín en una Mini Granja y Crear un Jardín Orgánico Autosuficiente*, ahora puede convertir su patio en una mini granja y disfrutar de los frutos de su trabajo durante todo el año. Es una actividad satisfactoria que lo mantendrá ocupado y también lo ayudará a asegurarse de que usted y su familia coman productos saludables.

Producir su propia comida en casa contribuirá a su salud financiera y física. También se ha visto que las personas que practican la jardinería o la agricultura están más en sintonía con la naturaleza, y esto mejora su bienestar mental de manera significativa.

Aprender a cultivar sus propios alimentos reducirá su dependencia de los proveedores comerciales y le ahorrará mucho dinero. Puede estar seguro de los alimentos que consume, ya que todos serán cultivados orgánicamente con sus propias manos. Los productores corporativos utilizan diversos productos químicos y pesticidas que dañan el medio ambiente y su salud a largo plazo. Por eso la gente se ha vuelto más consciente de la importancia de consumir alimentos orgánicos, y es probablemente una de las razones por las que usted quiere cultivar su propio jardín. Trabajar con el espacio que ya tiene en su jardín le permitirá utilizarlo de una manera que le beneficie en varios aspectos.

Incluso si usted es un principiante en la jardinería y la cría de ganado, puede aprender a hacerlo con éxito con la ayuda de este libro. Siempre y cuando trabaje un poco e invierta su tiempo en ello, verá que sus esfuerzos valen la pena.

¡Buena suerte!

Vea más libros escritos por Dion Rosser

DION ROSSER

APICULTURA

DOMÉSTICA

Lo que necesita saber sobre la crianza de abejas
y la creación de un negocio de miel rentable

Referencias

https://www.gardeningknowhow.com/special/organic/five-benefits-of-growing-an-organic-garden.htm

https://www.vegetable-gardening-with-lorraine.com/benefits-of-organic-gardening.html

https://www.motherearthnews.com/organic-gardening/gardening-techniques/crop-guide-growing-organic-vegetables-fruits-zl0z1211zsto

https://www.bhg.com/gardening/vegetable/vegetables/tips-for-growing-an-organic-vegetable-garden/

https://www.almanac.com/news/home-health/chickens/raising-chickens-101-how-get-started

https://morningchores.com/about-raising-pigs/

https://www.fromscratchmag.com/raise-cattle-small-acreage/

https://www.motherearthnews.com/homesteading-and-livestock/how-to-raise-honeybees-zmaz85zsie

https://homesteadsurvivalsite.com/common-garden-pests-deal-naturally/

https://dengarden.com/pest-control/Natural-Garden-Pest-Control

https://www.goodhousekeeping.com/home/gardening/a20705991/garden-insect-pests/

https://kidsgardening.org/gardening-basics-dealing-with-garden-pests-and-diseases/

https://www.gardeningchannel.com/organic-pest-and-disease-control/
https://www.thespruce.com/groundhog-damage-in-yard-2131141
http://npic.orst.edu/pest/wildyard.html
https://www.motherearthnews.com/organic-gardening/growing-season-zmaz94jjzraw
https://www.theprairiehomestead.com/2019/09/extend-garden-season.html
https://www.gardeners.com/how-to/season-extending-techniques/5063.html
https://www.youtube.com/watch?v=VpVOoTF8124
https://www.youtube.com/watch?v=9y5vivDjAm4
https://www.amodernhomestead.com/how-to-prepare-for-the-harvest/
https://melissaknorris.com/how-to-organize-build-your-homestead-food-storage-kitchen/
https://15acrehomestead.com/harvest-season/
https://www.wikihow.com/Build-a-Shed
https://morningchores.com/chicken-coop-plans/
https://modernfarmer.com/2015/09/how-to-build-a-chicken-coop/
https://www.popularmechanics.com/home/a26063857/diy-greenhouse/
https://greenhouseplanter.com/how-to-build-a-hoop-house/
https://www.goodhousekeeping.com/home/gardening/a20706669/how-to-build-compost-bin/
https://www.youtube.com/watch?v=Pi1x-kyC49o
https://backyardfarming.blogspot.com/2016/04/off-site-gardening-factors-to-consider.html
https://www.pinterest.com/pin/63261569752809153/
https://articles.bplans.com/how-to-start-a-farm-and-how-to-start-farming/
https://www.treehugger.com/how-to-start-a-small-farm-3016691
https://www.countryfarm-lifestyles.com/Mini-Farms.html
https://www.motherearthliving.com/gardening/backyard-farm-zmfz15mfzhou
https://homesteadlaunch.com/backyard-farming/

https://www.ecohome.net/guides/2228/grow-food-at-home-7-tips-for-growing-food-in-small-spaces/

https://commonsensehome.com/home-food-preservation/

https://www.motherearthnews.com/real-food/how-to-preserve-food-zm0z71zsie

https://originalhomesteading.com/ways-to-preserve-food/

https://preparednessmama.com/canning-equipment/

https://www.britannica.com/topic/smoking-food-preservation

https://www.simplycanning.com/home-canning-recipes.html

https://www.goodhousekeeping.com/cooking-tools/g30200878/best-food-dehydrator/

https://www.urbangardensweb.com/2013/02/03/10-tips-for-maintaining-a-healthy-garden/

https://www.thespruce.com/vegetable-garden-maintenance-1403170

https://www.finegardening.com/article/10-ways-to-keep-your-garden-healthy

https://learn.eartheasy.com/articles/ten-ways-to-prepare-your-garden-for-winter/

https://www.almanac.com/10-tips-prepare-your-garden-winter

https://learn.compactappliance.com/apps-for-gardeners/

https://commonsensehome.com/gardening-journal-templates/

https://www.backyardgardener.com/garden-interest/plant-finder/5-benefits-of-connecting-with-other-gardeners-through-a-small-online-community/

https://www.treehugger.com/online-gardening-communities-you-should-join-4858500